뉴욕의 축제

New York Festival

Newyork+Festival

뉴욕의 축제

초판 1쇄 발행일 2014년 5월 20일

지은이 · 주지완
펴낸이 · 김종해
펴낸곳 · 문학세계사

주소 · 서울시 마포구 신수로 59-1(121-110)
대표전화 · 702-1800, 팩시밀리 · 702-0084
이메일 · mail@msp21.co.kr
홈페이지 · www.msp21.co.kr
www.seein.co.kr(계간 시인세계)
출판등록 · 제21-108호(1979.5.16)

값 16,000원

ISBN 978-89-7075-582-3 13980

주지완 글·사진

뉴욕의 축제

New York+Festival

문학세계사

차례

New York Festival

뉴욕에 산다는 것

나는 브루클린에서 살았다. 브루클린에서 해질녘 맨해튼을 바라보면 도시는 마치 신기루처럼, 혹은 찬란한 병풍을 두른 것처럼 빛났다. 이스트 강을 사이에 두고 마주 보이던 엠파이어 스테이트 빌딩은 날마다 다른 색의 빛을 발광하고 있었다. 강 건너로 보이는 미드타운의 풍경은 나에게 동경의 대상이었다.

브루클린에서 살던 시절에는 마치 내 안에 남아 있는 젊음을 소진하듯 재미있는 일도 많았다. 브루클린의 젊은 예술가들과 힙스터들은 도시의 거친 뒷모습을 열정으로 달구었다. 나는 멀리서 빛을 뿌려놓은 듯이 신기루처럼 아련하게 빛나는, 화려한 네온사인으로 가득 찬 작은 섬에 뛰어들고 싶었던 마음을 잊을 수 없다.

뉴욕은 미국의 지도를 펼쳐놓고 보면 동북부 한켠 귀퉁이에 아주 작게 자리잡고 있다. 하지만 밤에 하늘에서 내려다보면 가장 밝게 빛나는 도시이다. 오늘날 뉴욕은 세계 금융의 중심지이고, 여러 나라의 문화가 만나는 교차로이며, 예술의 중심지이고, 세계의 지도자들이 모이는 장소이다. 뉴요커들은 뉴욕에 살고 있다는 자체만으로도 큰 자부심을 가진다. 바삐 걸어가는 사람들, 화려한 네온사인, 사람들이 북적이는 카페와 레스토랑……. 활기차고 아름다운 이 도시는 사람과 사람이 부대끼며 살아가기에 더더욱 흥미롭다. 사람들의 에너지로 가득 찬 이곳에서 한번쯤 살아보고 싶지 않은 사람이 있을까. 적어도 패기 있는 젊은이라면.

　사람들이 도시를 좋아하는 또 다른 이유는 자유로움에 있다. 이 복잡하고 냉혹한 도시에서의 어떤 면이 사람들을 편하게 하고 자유롭게 만드는 걸까. 그것은 어찌 보면 나를 둘러싼 모든 인간 관계를 떠나서 홀가분해질 수 있기 때문일지 모른다. 그래서 뉴욕으로 오는 많은 이민자들은 아무런 연고가 없는 자유로운 이곳에서 다시 새로운 희망을 꿈꾼다. 때때로 사람과 사람 사이에 끈끈하게 맺어진 인간 관계는 속박이기도 하다. 아는 사람이 아무도 없는 낯선 도시는 사람을 외롭게 하지만, 또한 자유롭게도 한다.

　이러한 도시의 익명성은 더욱더 젊은이들을 매혹시켜 도시로 향하게 만든다. 자유와 새로운 기회를 찾아서 사람들은 거대한 도시로 몰려든다. 도시는 달콤한 악마처럼 사람들을 유혹한다.

브루클린 브리지Brooklyn Bridge

뉴욕의 지하철

나는 그 자유롭고 아름다운 도시 한가운데에 나를 내려놓고 싶었다. 멀리서 밝게 빛나는 맨해튼이라는 작은 섬을 경험해 보고 싶었다. 그래서 과감히 가구를 정리하고 짐을 반으로 줄였다. 짐을 정리하고 나니 몸과 마음도 홀가분해졌다. 그러고 보면 살아가면서 꼭 필요한 것들은 그리 많지 않다. 오히려 없어도 될 만한 것들이 더 많다. 난 많은 것들을 버리고 맨해튼의 한구석에 입성했다.

내가 사는 어퍼 이스트는 센트럴파크가 가까이 있다. 센트럴파크가 있는 5번가 쪽으로 갈수록 부유층의 맨션들이 들어서 있다. 5번가에는 봄이 시작되면 거의 주말마다 갖가지 퍼레이드가 열린다. 별다른 계획이 없이 동네 산책을 나왔다가도 퍼레이드 행렬과 종종 마주치곤 한다. 난 내가 할 수 있는 최대한 도시를 즐기고 싶었다. 여러 문화가 교차되고 유입되는 도시, 매일매일 축제가 열리는 이 도시를 새로이 관찰하고 기록했다.

뉴욕은 금융과 예술의 중심지이기도 하지만, 또한 축제와 퍼레이드의 도시다. 어떤 이들에게는 일 년 내내 진행되는 소란스러운 퍼레이드가 소음처럼 느껴지기도 하고,

GLBT 프라이드 퍼레이드 GLBT Pride Parade

다소 식상하게 여겨질지도 모르겠다. 하지만 뉴욕은 알면 알수록 새로이 발견되는 신나는 행사들이 수없이 많다. 이러한 축제와 행렬은 많은 관광객들을 불러모으고, 도시를 활기차게 만든다.

난 우연히 지나치다 퍼레이드를 발견하면 서슴없이 관중 틈에 끼어들어 관람을 하기도 하고, 흥미로운 이벤트가 있으면 찾아가서 즐기는 편이다. 뉴욕에서 열리는 축제의 규모는 가히 국제적이다. 관광객들은 미국 전역에서 뿐만 아니라, 전 세계에서 몰려온다. 이런 축제와 퍼레이드는 뉴욕의 문화와 경제를 활성화하는 데 아주 큰 공헌을 한다.

난 매일 사건과 사고가 터지고, 아우성과 소음이 가득하고, 무수한 축제가 벌어지는 이 도시를 탐험한다. 이 순간 내게 주어진 이 도시를 맘껏 즐기고 싶다. 난 언제쯤 이 도시가 싫어져서 떠나고 싶을까. 지금은 그런 일이 일어날 것 같지 않지만, 언젠가 떠날 때가 오면 조금은 아쉽게, 또 홀가분하게 떠나고 싶다.

브로드웨이 뮤지컬 〈맘마미아〉/ 윈터 가든Broadway Musical, Mamma Mia/ Winter Garden

미국이라는 나라

뉴욕을 이야기 하기 전에, 우선 미국이라는 나라에 대해서 먼저 이야기 해보자. 그래야 뉴욕을 좀 더 잘 설명할 수 있을 것 같다.

미국은 전 세계 문화가 모여 재창조되는 곳이다. 어떤 문화든 미국을 통해서 대중화된다. 미국적인 것은 세계적인 것이 되는 것이다. 이것이 미국 문화의 힘이다.

미국은 애초 새로운 국가의 형태를 띠는 새로운 개념의 국가로 건국되었다. 엄격한 신분이나 계급이 존재했던 기존의 국가 형태와는 달리 처음부터 상하층의 구별이 없는, 그래서 모두가 평등하다는 이념으로 만들어진 것이다. 미국의 문화 또한 계층 구별없이 모두가 향유할 수 있는 대중문화를 중심으로 발달해 왔다. 청바지, 햄버거, 수없이 쏟아져 들어오는 할리우드 영화들, 팝, 힙합, 재즈와 같은 문화들은 이제 우리 생활에서 떼어놓을 수 없을 정도다. 최고의 군사력과 함께 거대한 자본주의의 발달은 미국을 최강국으로 만들고, 세계의 중심이 되도록 만들었다. 이는 자국의 문화가 전 세계적으로 전파되는 데 한몫했다.

물론 미국도 백인들이 원래 삶의 터전이었던 인디언들의 땅을 빼앗았던 잔인한 역사가 있었고, 아프리카에서 노예선에 끌려와 혹독한 노동에 시달려야 했던 흑인들의 이야기 등 수많은 잔혹하고 정당하지 못하고 슬픈 역사들이 숨어 있다. 그뿐만이 아니다. 미국은 '이민의 나라' 임에도 불구하고, 역사적으로 보면 대체적으로 먼저 온 미국인들이 나중에 온 이민자들을 배척하곤 했다.

그 아프고 힘들었던 일들은 시간이 흐르면서 잊혀지거나 묻히기는 했지만, 지금도 여전히 그 갈등이 내면에 남아 있고 계속되고 있는 것은 사실이다. 하지만 세월이 지나면서 그러한 아픔과 갈등을 해결하려는 노력과 투쟁이 있었으며, 그 많은 사람들이

PS1 뮤지엄의 여름 이벤트Summer Event in PS1 Museum

세인트 패트릭스 데이 퍼레이드Saint Patricks Day Parade

가지고 있는 다양성들이 조화를 이루고 보편적인 미국 문화를 만들면서 오늘날과 같은 미국이 되었다.

미국의 이민 역사는 식민지 시대, 19세기 중반, 20세기 초반, 그리고 1965년 이후로 분류된다. 이렇게 분류하는 이유는 현재 미국을 구성하고 있는 주요 민족과 인종이 유입되는 시점이 다르기 때문이다.

식민지 이전인 17세기에는 약 17만 5천 명의 영국인이 북미로 이주를 했다. 식민지 시대가 시작되고 18세기까지 미국으로 온 유럽 이민자의 절반 가량은 농장의 일꾼으로 이주를 했고, 19세기 중반에는 주로 북유럽에서 인구가 유입되었다. 즉, 북유럽 이민자들이 오기 전까지는 영국과 서유럽 국가의 사람들이 거의 모든 이민 사회를 형성하고 있었다는 이야기다. 20세기 초반에는 남유럽, 동유럽 민족들이 모여들었고, 1965년 이후에는 남미와 아시아의 민족들이 미국 이민의 주를 이루게 되었다.

물론 미국 서부 지역은 스페인 사람들이 점령을 하고 있었지만 인구가 그리 많지 않았고, 19세기에 들어서면서 미국 연방에 속하게 되어 기록에 포함하는 것이 어렵다.

20세기 초반인 1907년에는 한해 동안 무려 1백 30만 명에 가까운 남유럽과 동유럽인들이 몰려들어 1910년에는 이민자의 인구가 1천 3백만 명을 넘어서게 되었다.

이민자가 급속도로 증가하자 미국 정부는 1921년 긴급 법안

찰리 파커 재즈 콘서트, 할렘Charlie Parker Jazz Concert, Harlem

을 상정하고, 1924년에 '개정 이민법'을 통과시키게 된다. 이 법은 1890년대부터 미국으로 유입되기 시작한 남유럽, 동유럽인들과 유대인, 이탈리아, 슬라브 민족의 수를 제한하기 위한 것이었다. 미국은 이미 서유럽인들이 개척을 시작한 곳이라 그들은 자신들이 이미 이루어 놓은 기득권을 놓치지 않으려고 다른 민족의 이민을 제한하고자 했던 것이다.

이것은 오랜 기간 지속되어 제2차 세계대전 중이나 끝난 후에도 유럽 난민의 대부분은 미국에 입국하지 못했다. 이런 '개정 이민법'과 함께 1930년대의 경제 대공황은 이민 인구의 유입을 줄게 했고, 1929년 28만여 명이던 이민자 수가 1930년에는 10분의 1도 안 되는 2만 3천 명으로 줄어들었고, 오히려 본국으로 역이민을 간 사람들이 그보다 더 많은 숫자를 차지했다.

제2차 세계대전 이후 멕시코로부터 불법 이민이 크게 늘자 미국은 이들을 자발적으로 돌아가게 하거나 돌려보내는 송환 프로그램을 실시했다. 하지만 별다른 효과를 보지 못하고 추방시키기 시작했다. 이렇게 멕시코 불법 이민자들은 1957년까지 1백만 명이 넘게 본국으로 돌려보내졌다. 물론 스스로 돌아간 경우는 거의 없고 추방에 의해서였다.

그동안의 이민법이 폐지되고 새로운 이민법이 제정된 것은 1965년이었다. 이민 정책의 균등제라는 의미로 비유럽 국가의 이민자들에게 문호를 개방하기 시작해 동양인 이민의 수가 급증하며 오늘에 이르게 되었다.

　현재 가장 많은 이민자를 미국에 보내는 국가는 멕시코이며, 2010년에 14만 명에 가까운 합법 영주권자를 배출하며 1위를 차지했다. 2위는 중국으로 7만 명이 조금 넘는 정도이고, 3위는 인도로 7만 명이 조금 안 된다. 4위는 필리핀이 5만 8천 명, 5위는 도니미카 공화국의 5만 4천여 명이다. 사실 이런 이민 인구 수의 순위는 결국 미국 내 이민 커뮤니티의 파워와 직결되기도 한다.

　미국은 이민법을 상당히 유연하게 운영을 하는 국가다. 그런 유연성의 진정한 의미는 국가의 이익을 위해 이민법을 움직인다는 것이다. 필요할 때는 많이 받고, 필요 없을 때는 줄이고, 위기시에는 문제를 만들어 내며 국가 운영 도구의 하나로 수백 년을 이어왔다.

　이렇게 세계의 여러 나라에서 온 이민으로 이루어진 미국이라는 나라는 워낙 다양한 문화가 함께 존재하므로, '멜팅 포트Melting Pot' 라는 용어로 불렸다. 이 '멜팅 포트' 라는 용어는 때로 '샐러드 볼Salad Bowl' 이라는 용어로 대체되는데, 이는 비슷하면서도 다른 뜻으로 쓰인다. 멜팅 포트가 완전히 용해되어 한 그릇에서 녹아 있는 것이라면, 샐러드 볼이란 같은 용기에 담겨 있기는 하지만 완전히 용해되어 있지 않고, 각각 고유한 성질을 유지하면서 존재하고 있음을 나타낸다.

　이민자들은 다양한 국가 출신으로 그들이 가져온 고유한 문화를 간직하고 살아가고 있다. 미국과 미국인들은 어떤 때에는 완전이 융합을 이룬 것처럼 보이지만, 때로는 각자만의 고유한 색깔을 그대로 유지한 채 그들의 목소리를 낸다.

축제, 그 황홀한 체험

축제는 생각만 해도 뭔가 신 나고 즐거움과 풍요로움이 가득 차 있는 느낌이다. 한 상 가득 음식이 가득 차려져 있고 여러 사람들이 모이는 왁자지껄한 분위기가 연상된다. 어렴풋이 기억나는 어린 시절, 명절이나 잔칫날이 되면 친인척들이 오랜만에 한자리에 모이고 갖가지 음식을 준비해 놓고 이야기꽃을 피웠다. 명절이나 잔치는 항상

사우스 스트리트 시포트 South Street Seaport

뭔가 분주하고 신 나는 것이었다. 난 어릴 때 일 년 내내 이런 날들만 계속된다면 얼마나 좋을까 하는 생각을 했다. 명절이나 잔치는 작은 축제였다.

대학 시절의 축제는 한층 더 사회적인 것이었다. 축제가 되면 학교 학생회에서는 다양한 행사들을 준비했다. 평상시에 학업의 장이었던 캠퍼스는 공연장으로, 경기장으로, 장터로 변했다. 축제 때에는 종종 용감한 행동이 돌출되곤 했는데, 축제라는 이유로 그런 대담함들이 용서되곤 했다. 그렇게 생각하고 보니 그 당시 축제를 둘러싸고 있었던 사건들이 아련하게 떠오른다. 어떻게 보면 우린 이런 소란스러운 축제를 통해 성장을 하는 것 같다. 축제란 일종의 통과의례처럼 우리가 살아가면서 거쳐야 할 사건들이라는 생각이 든다.

나이가 들면서 어린 시절에 경험했던 잔치에 대한 무한한 기대와 환상, 젊은 시절에 겪는 광란의 축제는 더 이상 없는 것처럼 느껴진다. 어른이 되어서는 그런 잔치나 축제들이 주는 황홀감이 점점 시들해지는 건 사실이다. 또한 현대화가 되고 사회의 모든 일이 분업화되어서 점점 더 개인적이고 혼자서 즐기는 문화가 발달한 것도 그 이유일 것이다. 하지만 인간이 본래 무리를 짓고 사회 속에서 서로 어울리면서 살아가야 하는 존재라는 것은 부정할 수 없는 사실이다.

인간은 개인적이고 독립적인 동시에 사회적이다. 사람들은 무리를 짓고 같은 일을 도모하고 한 가지의 목표를 위해 협력하여 일하기도 하고, 같이 어울리며 함께 향락과 쾌락을 즐기는 존재인 것이다.

축제란 일에서 벗어나는 것을 뜻한다. 사람들은 누구나 일상의 지루함을 깨워 줄 화끈한 일탈을 꿈꾼다. 축제는 사람들의 일탈을 정당하게 도와주는 탈출구이다. 축제 때에는 탈을 쓰고 악마가 되어 흉흉한 장난을 해도 왠지 괜찮을 것 같은 생각이 든

징코 드 메이요 퍼레이드Cinco de Mayo Parade

다. 그래서 축제는 어른들의 마음에도 여전히 왠지 모를 설레임을 가져오는 것은 사
실이다. 사람들이 모여서 노는 축제는 누가 뭐라고 해도 재미와 감동이 있어야 한다.
사람들은 축제를 통해 황홀경을 체험한다. 특히나 과거의 축제는 사람들이 고된 노역
에서 벗어나 억압되어 있던 열정과 희열을 맘껏 발산할 수 있는 기간이었다.

축제라는 것의 본래 의미는 인간이 신성과 자연에게 보내는 경외이자 기념을 하기
위한 것이었다고 말할 수 있다. 그것은 계절의 변화에 따른 것이기도 하고 사람이 살
아가면서 거쳐야 하는 통과의례이기도 하다. 그것은 긴 겨울을 지내고 새로 시작되는
봄을 맞이하는 것이기도 하고, 출생이나 결혼, 죽음과 같은 사건을 기리는 행사가 되
는 것이기도 했다.

하지만 오늘날의 축제는 그러한 의미보다는 휴가나 놀이로서의 의미가 더 많다. 그

브루클린의 베드-스타이에서 열린 어린이들을 위한 주말 행사

래서 오늘의 여러 나라에서 열리는 축제들은 전통 문화에 뿌리를 둔 것도 많지만, 새로운 유형의 축제들도 다양하게 생기는 추세이다. 이러한 축제 문화는 사회적 측면에서 볼 때, 공동체의 결속을 강화하고 문화를 활성화시키는 역할을 한다. 오늘날 지구상에서 벌어지는 축제의 수는 헤아릴 수 없이 많고, 일 년 중에 축제가 아닌 날이 없을 만큼 우리가 사는 매일매일은 축제와 축제로 이어진다.

서구 사회에서 축제의 발달을 살펴보면, 원시시대의 축제가 원래 동양의 영향을 받아 그리스와 로마 시대를 거쳤는데, 그리스 시대에는 디오니소스 축제로, 로마 시대에는 겨울 축제로 변화되는 과정을 거쳤다. 그러한 축제들은 음주가무와 행렬을 동반했다.

그러다 중세를 거치면서 이러한 축제들은 종교적인 의식의 형태로 바뀌기 시작했다. 농사를 짓던 민간인들에게 축제는 그들의 생업에 관계된 농사와 계절과 자연의 순환을 상징하고 있었기 때문에 이러한 관습을 쉽게 없애 버릴 수는 없었다. 그래서 교회는 다신교도적인 축제에 기독교적인 신학의 의미를 부여했고, 농민들의 겨울 축제는 기독교적인 축제로 그 형태가 많이 바뀌었다.

그러다가 대도시의 상업이 발달하고 부가 축적되면서 축제는 점점 화려해지고 성대해졌다. 또 한편으로 신분에 대한 불만을 과도하게 드러내어 소외된 자들에게는 축제가 반란으로 비화되는 경우도 생겨났다. 이에 17세기에 들어서면서 신교도들은 축제의 비합리성과 무분별함을 지적하는 문제를 대두시키고, 이러한 축제를 개혁하려는 움직임이 일어났다. 이 때문에 축제는 점점 더 통제되고 관료화되었고, 공식적인 행사로 변하였다. 따라서 축제는 자신이 주인공이 되어 한바탕 놀아본다는 의미보다는 관람자가 되어 축제를 구경하는 것으로 변해 버린 것이다.

오늘날 세계에서 벌어지는 축제는 여러 가지 모습으로 분류된다. 그러나 대부분의 축제는 우선 신과의 교감으로 자연의 재해를 극복하고, 국가의 번영과 전쟁의 승리,

가뭄과 재난을 소멸하는 제의에 가까운 것이 많다.

스페인의 불 축제, 일본 아소의 불 축제, 미얀마의 물 축제와 같은 축제들은 불과 물을 사용해 불결하고 악령적인 것들을 씻어 내리고 태워 버린다는 정화의 의미가 있다. 불이 활활 타오르는 모습처럼 번성한다는 의미로 이해되기도 하고, 물을 상대방에게 끼얹고 물 벼락을 맞음으로써 축복을 받는다고 생각하기도 한다.

또 다른 축제의 형태는 힘과 용기를 겨루는 것으로, 세계 곳곳에서는 인간의 한계를 극복하고 힘을 겨루어 이김으로서 기쁨을 만끽하고 공동체의 화합을 가져오는 행사를 하기도 한다. 이런 축제 중에 대표적인 축제가 올림픽이다. 또한 전투 상황을 재현하여 관객을 더욱더 흥분의 도가니로 이끄는 축제도 있다. 우리나라에도 줄다리기나 편싸움, 석전과 놋다리밟기와 같은 전투 축제가 있었다.

현재, 이와 비슷한 형태의 축제로는 몽골의 나담 축제, 베니스의 곤돌라 축제, 홍콩의 용선제龍船祭가 있다.

또한 전투 자체가 연극적으로 의례화된 형태도 있는데, 뉴기니 섬, 다니 족의 돼지잡이 축제, 남아프리카 공화국 더반 시의 줄루 족의 축제, 노르웨이의 바이킹 축제 등이 있다. 또 스페인의 산 페르민 소 축제는 사냥에 바탕을 둔 것으로 남성성과 용기를 시험하는 축제이다. 또 일상의 노동을 이벤트화한 캐나다의 캘거리 스탬피드 축제가 있다. 길들여지지 않은 야생 말과 황소의 등에 올라타는 놀이이다. 이러한 전투적 요소를 바탕으로 한 축제들은 공동체의 의식을 높이고 참가자들과 관객 모두를 흥분의 도가니로 몰아간다.

또한 풍요로운 음식과 음료, 술이 주가 되는 축제가 있는데, 잘 차려진 음식을 먹어 치우고 끊임없이 술을 마셔 대면서 흥분을 돋우고, 잠재되어 있던 인간의 광기를 유발한다. 풍성하게 차려진 음식은 인간이 기본적으로 가지고 있는 식욕을 충족시키는 축제이다. 식탐을 만족시키고 술로 광기를 일으키고 예술적 감성을 끄집어 내는데, 대표적인 것이 독일의 옥토버페스트Oktoberfest이다. 맥주를 마시며 음악을 즐기는

콜럼버스 데이 퍼레이드Columbus Day Parade

것이 이 축제의 주된 테마이다.

서구 사회에서 축제의 기원은 대부분 카니발에서 유래된다. 하지만 카니발이라고
불리는 서구 사회에서의 축제는 알고 보면 중세 교회에서 주관하던 카니발이라는 형
태의 축제가 있기 훨씬 전부터 존재했다. 원시시대부터 사람들은 기나긴 겨울을 보내
고 새봄을 맞이하면서 한 해의 풍년을 기원했다. 그런 새봄맞이 축제가 교회에서 받
아들여지면서 카니발의 형태로 변모되었다. 서구 사회에서 벌어지는 카니발은 그 형
식이 대체로 비슷하다. 그 안에는 행렬이 있고, 역할의 뒤집기가 있고, 마스크나 변
장, 카니발 왕의 화형식 등이 있다.

카니발 형태의 축제는 기독교 문화권에서 가장 성대하게 치러지는 축제이다. 유럽에서는 도시의 규모에 상관없이 크고 작은 카니발이 열린다. 또한 기독교 문화에 영향받은 국가들인 남아메리카와 필리핀, 남아프리카 공화국 등에서도 카니발이 열리고 있다. 그중에서 규모가 큰 카니발은 스위스의 바젤 카니발Basel Carnival, 벨기에의 뱅슈 카니발Binche Carnival, 프랑스의 뒹게르크 카니발Dunkerque Carnival, 영국의 노팅힐 카니발Notting Hill Carnival, 브라질의 리우 카니발Rio De Janeiro Carnival, 이탈리아의 베네치아 카니발Venice Canival, 독일의 쾰른 카니발Cologne Carnival, 프랑스의 니스 카니발 등이 있다. 뉴욕의 인어 퍼레이드Mermaid Parade, 웨스트 인디언

코니아일랜드 인어 퍼레이드 Coney Island Mermaid Parade

아메리칸 데이 카니발/노동절 퍼레이드West Indian-American Day Carnival/Labor Day Parade, 빌리지 할로윈 퍼레이드Village Halloween Parade는 이같은 유럽 카니발의 성격을 이어받은 것이다.

축제의 모습은 점점 더 다양한 모습으로 존재한다. 이 밖에도 목청을 높여 소리지르고 술을 마시고 흥분하게 하지는 않더라도, 지성과 감성을 조화롭게 미화시켜 카타르시스를 일으키는 축제도 있다. 미술 전시와 음악회 같은 행사는 예술적인 직관과 아름다움을 전해 주는 축제이다.

축제는 실내에서도 치러지지만 주로 열린 공간에서 펼쳐진다. 열린 공간의 왁자지껄한 분위기는 사람들의 마음을 흔들어 놓는다. 야외에서 진행되는 소란스러움은 서로 알지 못하는 사람들끼리도 친숙한 분위기를 만들어 낸다. 화려하고 볼거리가 풍부하게 진행되는 퍼레이드는 사람들의 시선을 끄는 축제의 꽃이라고 말할 수 있다. 또 축제는 각 공동체의 단합을 도모하여 공동체의 주장과 권리를 사회에 알릴 수 있는 기회를 준다.

축제를 가장 화려하게 하는 방법 중의 하나는 퍼레이드다. 퍼레이드란 여러 사람들이 함께 행진을 하는 것을 의미한다. 보통 의상을 차려입은 사람들이나 밴드, 화려한 장식을 한 수레나 동물, 풍선 같은 것이 동원하기도 한다. 대개는 축하를 하기 위한 목적으로 펼쳐지지만, 정치적인 항의를 하거나 시위를 할 때도 행렬을 한다. 뉴욕에는 많은 소수 민족들이 함께 살고 있는 문화의 중심지이고 다양한 퍼레이드가 펼쳐지고 있다. 도시는 언제나 특별한 행사가 가득한 곳이다. 사람들과 부딪히면서 살아가는 바쁜 도시의 생활 속에는 치열함과 고통이 내재되어 있지만, 또한 즐거움과 아름다움도 함께 한다.

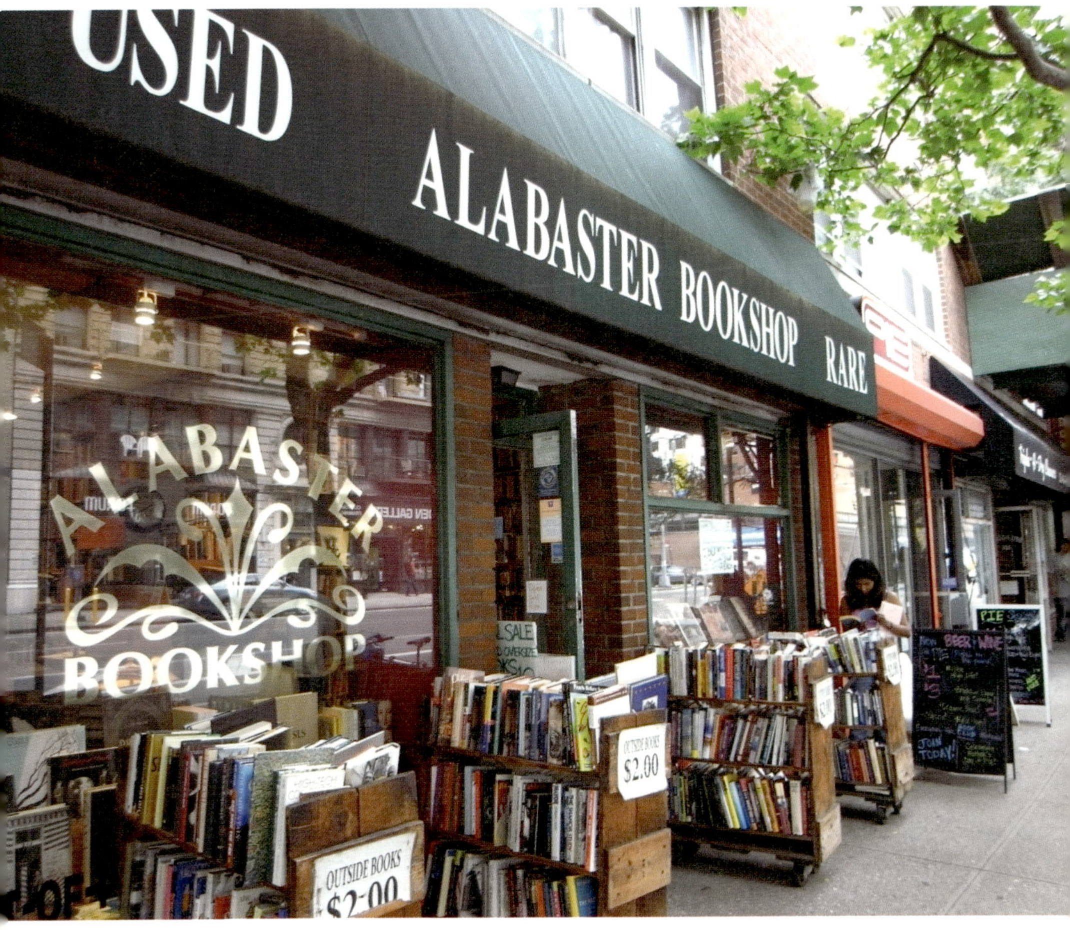
USED
ALABASTER BOOKSHOP RARE
ALABASTER
BOOKSHOP
OUTSIDE BOOKS
$2.00
OUTSIDE BOOKS
$2.00
PIE
BEER + WINE
JOIN TODAY!

뉴욕, 그리고 축제

　뉴욕의 다문화성과 다양성을 말할 수 있는 모습 중의 하나는 다양한 언어를 구사하는 것에 있다. 한 조사에 따르면, 뉴욕에서 의사 소통을 위해서 사용되는 언어는 무려 1백 20가지가 넘는다고 한다. 이러한 다양성은 뉴욕의 상징이자 발전의 원동력이다.

타임스퀘어Time Square

　맨해튼이라는 이름은 메나타이Menatay라는 인디언 말에서 나온 말로 '구릉의 섬'이라는 뜻이다. 그러다가 1624년에 네덜란드인들이 맨해튼을 사들인 뒤 이곳을 뉴암스테르담New Amsterdam이라고 이름 짓고 정착촌을 건설했다. 그러나 1664년 식민지 점유를 둘러싼 영국과 네델란드 간의 전쟁에서 승리한 영국 국왕 찰스 2세가 동생

요크 공에게 이 지역을 선물로 준 뒤 이 섬은 뉴욕으로 이름이 바뀌었다.

뉴욕이 미국 최대의 도시로, 거대한 다인종 다문화 사회로 본격적으로 변모하게 된 것은 19세기 중반부터다. 그 변화의 가장 큰 계기가 된 것은 1825년 허드슨 강과 오대호를 연결하는 이리 운하Erie Carnal의 건설이다. 미국의 중서부로 수송될 물자들이 대거 뉴욕 항으로 모여들면서 뉴욕은 상업의 중심지로 급부상하게 된다. 여기에 뉴욕의 힘을 키운 것은 수많은 이민자들의 유입이다.

뉴욕은 미국의 수도나 뉴욕 주의 주도가 아님에도 불구하고 1860년에 인구 · 산업 생산 · 은행 예탁금 · 무역 등 여러 가지 면에서 미국의 제일 도시로 발돋음했다. 아일랜드나 독일인 이민자에 이어서 이탈리아 및 러시아계 · 유대인 · 중국인 · 동유럽인들이 물밀듯이 들어오면서 뉴욕은 그야말로 다양한 인종과 문화의 도시가 되었다.

하지만 뉴욕이 미국 최대 도시로 성장하기까지는 그 과정이 결코 순탄한 것만은 아니었

빌리의 밤 외출Billy the Artist,
'A Night Out'

다. 이민자들은 최악의 환경 속에서 일하고 살아가야 했으며, 이민족간의 갈등도 심했다. 항상 먼저 도착한 이민자들은 나중에 오는 이민자들을 배척했다. 하지만 뉴욕에 거주하는 여러 민족들이 서로 배척하고 반목만을 일삼는 것은 아니다. 어떤 민족이건 이민 초기의 고통은 누가 더하고 덜하다고 말하기 힘들다. 모두가 이민자들의 후손으로 이루어진 이곳에서는 서로의 존재를 인정하고 같이 성장하려는 움직임도 많다.

현재 뉴욕에 사는 사람들의 3분의 1 이상이 미국 외의 지역에서 태어났다. 그래서 거리의 표지판이나 대중교통의 안내문은 영어뿐만 아니라 여러 나라의 말로 같이 표기되어 있다. 그리고 한 민족이 주류로 많이 살거나 이용하는 거리의 간판은 대부분 그 나라의 언어로 이루어져 있다. 특히나 카날 스트리트Canal St.를 중심으로 이루어진 차이나타운은 온통 중국어로 되어 있다. 이렇게 여러 민족이 살고 있는 뉴욕은 자신의 문화 전통을 간직하고 뿌리내리는 노력도 많이 한다. 그러한 노력 중에 대표적인 것이 각각의 민족이 펼치는 퍼레이드라고 할 수 있다.

뉴욕에 사는 사람들을 우린 보통 뉴요커NewYorker라고 부른다. 뉴요커라고 하면 차갑고 개인적이고 지식과 문화를 누리는 정도와 소득이 일정 수준 이상이 되는 사람이라는 생각이 든다. 왠지 뉴욕에 살아 봐야 세상 구경을 제대로 하고 있는 사람인 것처럼 느껴질 때도 있다. 아니라고 할 수도 없는 것이 뉴욕은 '세계 금융의 중심지', '세계 문화 · 예술 활동의 중심지'이기에 감히 뉴욕을 세계의 수도라고 말할 수 있을지도 모르겠다. 그래서 뉴요커들에게 이 숨이 막히도록 복잡한 도시는 비정함과 치열함을 가지고 있음에도 불구하고, 그들에게 세계의 중심에서 살고 있다는 자부심을 느끼게 해주는 것이다.

뉴욕이 유럽의 문화 · 예술 중심지인 런던이나 파리에 비하면 그 역사는 비교할 수 없을 만큼 짧은 것도 사실이다. 그러나 그 짧은 역사에 비해 뉴욕에서는 세계 어느 곳에서도 감히 넘볼 수 없을 만큼 활발한 문화 · 예술 활동이 전개되고 있다.

뉴욕에는 세계 최고 수준의 작품을 유치하는 데 드는 엄청난 돈을 댈 수 있는 재력가가 얼마든지 있고, 또 그러한 작품을 즐기기 위해 비싼 돈을 지불할 사람들이 셀 수 없이 많다.

뉴욕의 중요한 특징을 한 가지를 더 꼽으라면 유대인들이 엄청난 영향력을 발휘하고 있다는 점이다. 미국에 사는 유대인의 수는 이스라엘의 텔아비브에 사는 유대인보다 훨씬 많다. 유대인들에게 미국은 그들의 고향과도 같은 곳이다. 이들은 뉴욕의 돈과 언론과 부동산을 꽉 쥐고 있다. 세계의 돈이 모이는 월가에서는 유대인의 인맥이 크게 작용하고, 《뉴욕타임스》《월스트리트저널》 등 세계적으로 영향력이 있는 언론을 장악하고 있다. 또한 문화와 예술면에서도 탁월한 능력을 보여주고 있으며, 예술계에 대한 지원도 아끼지 않고 있다. 그들은 자본주의의 상징인 뉴욕에서 예술적인 재능을 가진 작가와 작품에 대한 후원을 아끼지 않아 뉴욕에서 예술적인 활동이 활발

하게 이루어지게 한다.

　뉴욕의 문화적 다양성은 공식적으로 정해진 휴일에서도 볼 수 있다. 뉴욕 시의 공식 휴일에는 다양한 나라들의 축제들이 명시되어 있다. 다양한 미국 문화는 같은 그릇에 존재하지만, 단 하나의 미국 문화라는 카테고리로 존재하는 것은 아니다. 많은 나라에서 모인 사람들은 각자의 문화를 알릴 기회를 갖기도 한다.

　뉴욕에는 인디언, 아일랜드, 이탈리아, 중국, 한국, 도미니카, 푸에르토리코, 캐리비언, 유대인, 러시아와 같은 주요 나라에서 모인 커뮤니티가 있다. 이들은 모임을 갖고 각자의 목소리를 내고 자신을 표현하는 기회를 종종 갖는다. 그중에 각각의 단체와 민족들이 함께 모여서 그들을 알리는 축제를 벌이거나 퍼레이드를 하는데, 도시 한가운데 살다 보면 그다지 큰 관심을 기울이지 않고도 서로 다른 민족들이 가지고 있는 문화의 특성을 자연스럽게 알 수 있는 기회가 많다.

뉴욕은 일 년 내내 축제와 퍼레이드가 펼쳐진다. 어떤 날은 시내를 무심결에 나갔다가 멀리서 북소리나 음악 소리가 들려와 가보면 퍼레이드가 펼쳐지고 있다. 또 문득 사람들이 모여 있는 장소를 지나가다 보면, 어떤 소수 민족들이 주최하는 행사가 벌어지고 있다. 규모가 작게 벌어지는 퍼레이드들은 대중 매체에 잘 알려지지 않아 미리 알고 찾아가기가 힘들다. 또 많은 축제들이 생기고 사라지고 해서 인터넷에 소개된 대로 찾아가면 일정이 취소되거나 변경되는 일도 종종 있다.

뉴욕에서 벌어지는 축제를 일별해 보면, 우선 겨울 동안에 고요했던 도시를 깨우기라도 하듯 차이나타운에서는 음력설에 치러지는 중국인들의 신년 퍼레이드Chinese New Year Parade가 펼쳐진다. 그리고 3월이 되면 봄을 알리는 축제가 열린다. 그 대표적인 것으로 아일랜드인들이 주축이 되어 세인트 패트릭스 데이 퍼레이드Saint Patrick's Day Parade가 열리고, 그 다음으로 이스터 데이 퍼레이드(부활절)Easter Day Parade가 있다. 그리고 그 뒤로 그리스 독립일 퍼레이드Greek Independence Day Parade가 있다.

5월이 되면, 쿠바인들의 큐반 데이 퍼레이드Cuban Day Parade와 멕시코의 전통을 소개하는 징코 드 마이요 퍼레이드Cinco de Mayo Parade, 그리고 요즈음 젊은이들에게 각광을 받기 시작한 댄스 퍼레이드Dance Parade가 있다. 6월이 되면 도시는 여름을 알리는 축제로 서서히 달구어진다. 여기에 맞춰 라틴의 열정을 보여주는 푸에르토

We Salute OUR KOREAN WAR VETERANS
KOREA
KOREAN WAR VETERANS
FREEDOM IS NOT FREE
NO LONGER FORGOTTEN
HONORING OU
KOREAN WAR VETE

재향 군인의 날 퍼레이드Veterans Day Parade

리칸 퍼레이드Puerto Rican Perade가 있고, 코니아일랜드에서는 인어 퍼레이드 Mermaid Perade가 펼쳐진다. 그리고 6월 말 즈음에 그리니치 빌리지에는 GLBT 프라이드 퍼레이드GLBT Pride Parade, 레즈비언과 게이 프라이드 퍼레이드Lesbian and Gay Pride Parade가 있어서 도시의 다운타운을 흔들어 놓는다. 6월에 벌어지는 축제들은 다소 열광적이고 몸의 노출 수위가 높은 것들이 대부분이다.

7월이 되면, 미국은 독립기념일을 맞는데 뉴욕에서는 미국의 7월 4일 독립기념일을 축하하는 메이시스 백화점의 불꽃놀이July 4th Macy's Independence Day Firework가 있다. 이 불꽃놀이의 규모는 어느 모로 보나 최대 규모여서 사람들은 이 불꽃놀이를 보기 위해서 모인다.

그 밖에도 여름이 되면 도시 곳곳에서는 야외 공연이 한창이다. 그중에서도 특히 유명한 것으로는 센트럴파크의 뉴욕 필하모닉New York Philharmonic 공연이 있다. 그리고 8월이 되면, 할렘에서는 '할렘의 달' 이라고 하여 아프리카 문화를 알리는 축제들이 많이 열린다.

9월이 되어 가을의 문턱에 들어서면 마지막으로 도시의 여름을 아쉬워하듯 브루클린에서 웨스트 인디언 아메리칸 데이 퍼레이드West Indian American Day Parade가 열린다. 이 축제는 캐리비언 원주민들의 문화를 보여주는 것으로 역시 열광적이고 화려하다. 이 축제는 노동절에 열려서 노동절 퍼레이드라고도 불린다. 또한 할렘에서는 아프리카계 미국인들의 결속을 다지며 그들의 문화를 알려주는 아프리칸-아메리칸 데이 퍼레이드African-American Day Parade가 열린다.

10월이 되면 도시는 다시 퍼레이드의 행렬로 바쁘다. 우선 뉴욕에 거주하는 한인들이 펼치는 코리안 데이 퍼레이드Korean Day Parade가 있고, 이탈리아계 미국인들이 주축이 된 콜럼버스 데이 퍼레이드Columbus Day Parade가 있고, 남미계 미국인들이

William Enoch
Army
Audie Murphy
Farmersville, Texas
Jack Courier
Navy
Ray Richmond
Navy

펼치는 히스패닉 데이 퍼레이드Hispanic Day Parade가 있다. 그리고 전 세계적으로도 유명한 빌리지 할로윈 퍼레이드Village Holloween Day Parade가 열리는데, 예술가들의 자유로운 상상력과 창의력이 동원되는 볼 만한 퍼레이드이다. 그리고 또 재향 군인의 날 퍼레이드Veterans Day Parade가 있다.

겨울로 들어설 무렵 메이시스의 추수감사절 퍼레이드Macy's Thanksgiving Day Parade가 그해 퍼레이드의 대미를 장식한다. 이 행렬은 역시나 메이시스 백화점에서 주최하고 있으며, 엄청난 구경거리를 제공하는 대규모 축제이다. 추수감사절이 끝나고 나서 연말연시가 되면 곧 크리스마스 준비와 일 년을 마무리하고 새해를 맞이하느라 도시는 분주해진다. 거리마다 연말연시를 즐기기 위한 뉴요커들과 방문객들을 위해 크리스마스를 축하하는 장식으로 온통 즐거움이 넘쳐난다.

그렇게 많은 축제와 이벤트, 그리고 퍼레이드로 도시는 일 년을 마무리하고 새로이 다가오는 해를 맞이하게 되는데, 타임스퀘어에서 열리는 새해 전야의 크리스털 볼 드롭New Year's Eve Crystal Ball Drop 행사는 미국 동부에 새해가 밝았음을 알리는 전 세계적으로 유명한 이벤트이다. 보내는 해가 다사다난하고 힘들었다고 하더라도 새해를 맞이하는 사람들은 또다시 새로운 해에 대한 밝은 기대를 해본다.

주요한 퍼레이드들은 미국 각지에서 또는 전 세계에서 이 행사를 보기 위해 일부러 찾아오기도 할 정도이다. 뉴욕은 일 년 내내 무수한 사건과 행사로 가득해 전부를 소개하는 것은 불가능하다. 따라서 이 책에 담은 축제와 퍼레이드는 뉴욕에서 펼쳐지는 수많은 행사들 중에 아주 일부에 불과하다. 지면이 허락하면 좀 더 많은 축제를 실을 수도 있겠지만, 그중에서 대표적인 축제들을 중심으로 알아보았다. 여기에 열거한 축제들 가운데, 그리스 독립일 퍼레이드, 큐반 데이 퍼레이드, 징코 드 마이요 퍼레이드, 댄스 퍼레이드, 히스패닉 데이 퍼레이드와 재향 군인의 날 퍼레이드는 책에 싣지 못하였으나 역시 가볼 만한 축제이다.

FERRARA
CIUTTO · SOPRESSATA

BENITO ONE
174 MULBERRY ST. TEL:212 226-9171
THE ORIGINAL
Benito One
RESTAURANT
Benito One
174 MULBERRY ST.
海星水族館
AQUA STAR PET SHOP
TEL:431-4311
AQUASTAR
BENITO I
LASAGNA
SALAD
SPAGHETTI
MEAT BALLS
SALAD
FETTUCINE
ALFREDO WITH
CHICKEN $12.50
GRILLED
CHICKEN OVER
CAESAR SALAD
$12.50
SOUVENIR

차이나타운 신년 퍼레이드

Chinese New Year Parade

언제 음력설(보통 1월 21일에서 2월 19일 사이)
어디서 모트가 근처의 차이나타운

● ● ●

차이나타운은 재미있다. 도시에 띠를 두른 듯 섬처럼 있는 이곳은 마치 다른 나라로 이동한 것 같은 느낌마저 든다. 차이나타운은 맨해튼 섬에서 가장 이국적인 볼거리로 가득 찬 흥미진진한 곳이다. 이곳에서 당당하고 자신감에 차서 열심히 일하는 중국인들을 만나는 일은 즐거운 일이다. 차이나타운은 항상 에너지가 넘치고 시끌벅적하다.

차이나타운은 지리적으로 리틀 이탈리아와 나란히 하고 있다. 그곳은 로어 맨해튼이라고 불리는 맨해튼 섬의 남쪽에 자리잡고 있고, 카날가를 중심으로 형성되어 있다. 차이나타운은 1870년대 형성된 이후 지금까지 그 규모가 커지면서 카날가를 가로질러 리틀 이탈리아를 넘나들고 있는 수준이 되었다.

오랜 세월 동안 중국의 이민자들은 이곳의 공장과 레스토랑, 각종 작업장에서 일해왔다. 이곳에는 맛있는 떡, 만두, 국수, 에그 롤, 그리고 딤섬이 있다. 그리고 종종 베이징 덕을 요리하는 레스토랑의 창에는 구운 오리들이 매달려 있는데, 이 모습이 이국적인 분위기를 더해 준다. 그리고 시장에서는 신선한 해산물과 야채 등 식재료를 비교적 저렴하게 살 수 있는 재미가 있다.

그뿐만이 아니다. 차이나타운에는 갖가지 싸구려 잡화들이 넘쳐난다. 옷, 전자 제품, 기념품 등 없는 것이 없을 정도이다. 차이나타운의 한복판을 어슬렁거리며 걷고 있으면 마치 혼란과 어지러움의 한가운데에 있는 것 같은 느낌마저 든다.

M N G GIFT CENTER INC.
79B 美光商貿禮品中心 79B
大吉大利
恭喜
PARTY SNAPS

중국인들의 미국 이민 역사는 오래되었다. 그래서 그들이 미국에 내린 문화의 뿌리는 깊고 튼튼하다. 처음 아시아인들이 아메리카 대륙에 첫발을 디딘 것은 1600년대의 일이다. 소수의 중국인과 필리핀인들이 멕시코에 들어갔다는 기록이 있다. 아시아계의 본격적인 미국 이민은 중국인들이 시초라고 할 수 있다. 공식적인 기록은 1830년대에 하와이의 사탕수수 재배를 위한 인력의 이민이었다.

미국 본토에 중국인들이 대량으로 들어온 것은 1845년을 전후로 하여 캘리포니아에서 이루어졌다. 그 당시 캘리포니아에서는 금이 발견되었고, 이와 더불어 철도 건설 등으로 값싼 노동 인력을 필요로 했던 미국은 소위 금산Gold Mountain이라는 환상을 내세워 중국인들의 이주를 장려했다.

중국인들은 1840년대 캘리포니아 금 채굴과 1860년대 대륙간 횡단철도 건설 때 미국으로 대거 이민 왔다. 캘리포니아에서 금이 많이 나고 철도공사가 한창일 때 미국인들은 중국인들에 대해 우호적이었다. 하지만 금맥이 끊기고 일자리에 대한 경쟁이 치열해지자 중국인에 대한 반감이 커지고, 대다수 중국인들은 광산에서 쫓겨나 식당이나 세탁소에서 저임금으로 일하게 되었다. 또한 산업 고용주가 새롭고 값싼 노동력을 절실히 필요로 할 때, 백인들은 이 '황화Yellow Peril'에 대한 반발이 심했다. 미국의 정치와 노동 조직은 중국을 저가의 노동력을 제공하는 저급한 인종으로 간주하였다. 언론은 이러한 저가의 고용주의 정책을 비난하였고, 심지어 교회의 지도자들조차 미국을 백인의 땅으로 간주하여 이러한 이민자들의 입국을 반대하였다.

1870년대 남북전쟁으로 미국 경제가 더 어려워지자 중국인에 대한 반감은 정치화되어 1882년 중국인들의 이민을 중단하고 미국에 들어와 있는 중국 이민자들을 배척하는 '중국인 제외법Chinese Exclusion Act' 이 의회에서 채택되었다. 당시 미국 노조

등은 인건비가 싼 중국인들로 인해 미국 노동자들이 일자리를 잃고 자신들의 노동 임금이 덩달아 저하되었기에 이 법을 환영했다.

그리고 이 법은 1892년에 '기어리 법Geary Act' 에 의해서 연장되었다. 중국인 제외법은 인종에 근거하여 이민 및 귀화를 방지하기 위해 만든 유일한 법이었다. 이러한 법들은 중국인들이 새로이 이민 들어오는 것을 막았을 뿐 아니라, 미국에 이미 살고 있는 수천의 중국인들이 본국에 있는 가족과 재결합하지 못하게 막았다. 많은 중국인 노동자들은 본토에 아내와 자식을 두고 이 땅에 오게 된 경우가 많았다. 더구나 많은 주에서는 다른 인종끼리 결혼하는 것을 금지하는 법이 있어서 중국인 남자 노동자들은 가정을 꾸릴 기회가 적었다. 그래서 당시 중국인 사회는 '독신남 사회'라고 불리기까지 하였다.

1924년에 이 법은 이미 그 이전에 미국에서 살고 있던 시민권 자격이 있는 중국인들에게도 적용하여 금지하였다. 또한 이 법은 1898년에 미국에 의해서 합병된 필리핀을 제외한 모든 아시아인들을 철저하게 법으로 차단하고, 이들에게 시민권을 주고 미국에 귀화하는 것을 거부했다. 아울러 백인과 결혼하는 것과 토지를 소유하는 것을 금지시켰다.

제2차 세계대전에서 미국과 중국은 동맹 관계가 되었고, 1940년대 이후가 되면서 미국 사회에서는 중국계 미국인들을 대하는 태도가 조금 향상되었다. 그러면서 이들의 귀화와 혼혈 결혼이 허용되었다. 1943년에 맥너슨 법에 의해서 미국으로 오는 중국인들의 이민이 허용되었다. 이로 인해 중국인들에 대한 61년 간의 공식적인 인종차별이 철회되었다. 제2차 세계대전 이후, 일본인·한국인·인도인·베트남인들과 같은 아시아인들에 대한 편견도 다소 완화되었다. 그리고 '1965년 이민 및 국적법 Immigration and Nationality Act df 1965'이 발효되면서 중국을 비롯한 아시아 국가를 비롯한 전 세계의 많은 나라들로부터의 대규모 이민이 받아들여졌다.

현재 중국인들은 미국에서 차지하는 아시아인들의 비율 중 가장 높은 22퍼센트를 차지하고 있다. 2010년의 미국 인구 조사 기준에 의하면, 미국에는 3백 30만 명이 넘는 중국인들이 있고, 그들은 전체 인구의 약 1퍼센트를 차지한다. 지금도 중국 본토, 타이완, 홍콩 등지에서 이민자들이 매년 유입되고 있다. 특히나 중국의 중산층과 전문 기술인들의 이민이 급증하였다.

뉴욕 차이나타운에서는 매해 음력설 때가 되면 퍼레이드를 중심으로 각종 행사들이 열린다. 중국인들에게는 춘절, 말하자면 봄의 축제라고 불리는 설은 중국에서 가장 전통적인 휴일 중의 하나이다.

춘절은 긴 겨울이 끝나고 봄이 시작됨을 알리는 축제이다. 춘절은 새해가 시작하는 첫 번째 달의 첫 번째 날에 시작해서 그 달 15일에 등 축제로 끝이 난다. 중국에서는 음력 12월이 시작되면 한 해를 보내는 각종 행사로 바쁘다. 그러다가 제석이라 불리는 마지막 날에는 온 가족이 모여서 연야반이라 하는 식사를 한다. 식사를 마치고 나서는 이야기를 나누고 바둑이나 마작을 하면서 밤을 새기도 한다. 미국 사람들은 이 날을 루나 뉴이어 데이Lunar New Year's Day, 또는 차이니즈 뉴이어 데이Chinese New Year's Day라고 부른다.

새해가 밝으면 집집마다 교자, 즉 만두를 먹는다. 만두 속에는 돈이나 사탕 혹은 땅콩 등을 넣어서 그것을 골라먹는 사람에게 새해에 특별한 복이 온다고 말하곤 한다.

또 아침을 먹은 후에는 친지들을 방문한다. 아이들은 어른들에게 절을 올리고 어른들은 아이들에게 세뱃돈을 준다. 춘절 기간에는 한 해의 평안과 복을 기원하는 문구를 대문 양 옆에 붙인다. 문구는 보통 빨간 종이에 검정 먹으로 씌어진다.

설은 중국인에게 가장 길고 중요한 축제이다. 그 중요함 때문에 설의 기원은 수백 년을 거슬러올라가 여러 신화와 설화 속에 등장한다. 설은 중국인들이 많이 거주하는 중국 본토, 홍콩 마카오, 타이완, 싱가폴, 인도네시아, 말레이시아, 모리셔스, 필리핀, 베트남, 그리고 세계 곳곳의 차이나타운에서 항상 이날을 축하하고 있다. 차이나타운의 신년 행사는 용 퍼레이드, 사자놀이, 폭죽놀이 등으로 경축된다. 중국에서는 연말이 시작되면 거리 곳곳에서 폭죽을 터뜨린다. 연말연시 때뿐만 아니라 중국인들은 살아가면서 크고 작은 행사가 있을 때마다 폭죽을 터뜨리기 때문에 폭죽 소리에 세월을 보낸다는 말이 있을 정도이다.

폭죽을 터뜨리는 것은 요란한 소리로 악귀를 물리치고 새로운 해를 맞이하는 일종의 푸닥거리 의식이다. 중국에서는 전통적으로 새해를 경축하기 위해 해가 바뀌고 새해가 시작하는 밤에 폭죽을 터뜨리며 축하를 한다. 자정이 되면 집집마다 일제히 폭풍우가 몰아치는 것처럼 폭죽을 터뜨린다. 폭죽은 보통 한 해 마지막 날 해가 지면서 시작해서 새해로 바뀌는 자정에 그 절정에 이르고, 새해 새벽 3시까지 진행된다. 밤하늘은 폭죽으로 대낮처럼 환할 정도다.

뉴욕의 차이나타운에서도 몇몇 중국의 축제 문화를 주관하는 조직이 있어서 이런 폭죽놀이 행사를 진행하고 있다.

또한 중국에서는 사자와 용을 길하고 용맹스러운 동물로 여겨왔기에 사자와 용의 탈을 쓰고 춤을 추는 것이 재난을 막고 복을 불러오는 것이라고 믿는다. 그래서 중국에서는 축제가 있을 때에는 빠지지 않고 용과 사자의 탈을 쓰고 춤을 추는 행사를 해왔다. 특히나 사자춤은 공연으로도 많이 접할 수 있는 대표적인 중국의 전통놀이라고 말할 수 있다.

민간에서는 사자놀이가 백성들의 즐거운 마음을 잘 나타내고 떠들썩한 분위기를 돋우는 데 제격이라고 생각한다. 사자놀이에서 보이는 사자의 모습은 위풍당당하고 동작이 변화무쌍하다. 중국 사람들은 사자를 숭배하는 전설이 많다. 사자는 용 다음의 동물로 사자놀이에 등장하는 사자들은 색채가 화려하고 신비롭다. 중국 사람들은 사자가 길한 동물이라고 여기고 행운을 가져다준다고 생각한다. 그래서 명절이나 경

사스러운 날 때마다 사자놀이로 흥을 돋우기도 하고 축원을 하기 위해서 대대로 전승되었다.

　차이나타운에서는 신년 행사에 중국 전통적인 사자놀이를 하면서 가게를 돌며 춤을 추고 복을 빌어 준다. 이들이 가게를 방문하면 가게 주인들은 복전을 건넨다. 그러면 사자는 춤을 추고 머리를 여러 번 숙이며 감사를 표시한다. 이 사자놀이는 보통 두 명이 한 조가 되어 사자의 모형에 들어가 북소리에 맞추어 춤을 추며 진행한다. 생각보다 훨씬 더 율동이 많고 흥미롭다. 사자들은 차이나타운 곳곳을 누비고 다닌다. 사자의 후미에는 어김없이 바람잡이나 요란한 북소리도 함께한다. 여러 마리의 사자들은 모트가Mott St., 보워리가Bowery St., 이스트 브로드웨이East Broadway, 엘리자베스가Elizabeth St., 그리고 펠가Pell St.를 포함하여 차이나타운 거리와 상가를 곳곳 돌아다니며 행진한다. 이 놀이는 진행자와 관객의 거리가 가까워서 더욱 역동적이고 생동감 있게 느껴진다. 진행자들은 붉고 긴 막대기를 가지고 사자와 관객 사이에 경계

華埠明

ONE WAY
ONE WAY
38 MOTT ST.
鏡
公司
Chinatown Optical
AMERICA GONE

를 만들어 사자가 춤을 추는 데 지장이 없게 해준다.

　우선 요란하게 울리는 북소리, 그리고 금속이 부딪치는 쩌렁쩌렁한 소음은 축제의 신명을 더한다. 차이나타운의 북소리는 순식간에 사람들을 불러모은다. 사자놀이는 화려한 행렬이 아니어서 더 생활과 밀접하다는 느낌이 든다. 동네 패거리들의 순진함이 묻어나는 것 같은 이 행렬은 오히려 마음 깊은 곳을 움직이는 것 같아서 좋다.

　또한 중국권의 많은 지역에서는 축제와 경품을 건 테스트와 같은 이벤트들이 열린다. 이곳 차이나타운에 있는 루즈벨트 공원에서도 전통 가수들과 전통 무용을 보여주는 댄서들의 공연이 있다. 또한 설을 경축하는 상품을 판매하고 새해의 복을 기원하는 부적을 써준다. 사람들은 이날 서예가가 써주는 부적을 받기 위해 줄을 선다. 뉴요커들은 호기심에 붉은 바탕에 한 해의 복을 기원하는 문구를 적은 부적을 하나씩 받아간다.

　행사가 있는 날은 시기적으로 봄이 시작되는 문턱이지만, 장시간을 외부에서 보내

기 위해서는 따뜻한 옷과 신발이 필수이다. 이날 차이나타운은 요란한 소음과 많은 사람들이 북적대 흥겹고 신명난다. 퍼레이드가 끝난 뒤에는 차이나타운에 있는 레스토랑에 들러서 맛있는 중국의 신년 음식을 맛보는 것도 재미 중에 하나이다. 이런 날은 휴업을 하는 레스토랑도 많지만, 오히려 더욱더 성업을 하는 레스토랑이 있다. 그래서 사람들은 식사를 하려고 번호표를 들고 기다려야 할 정도이다. 중국식 레스토랑은 특히나 여러 사람들이 함께할 때 좋은 장소이다. 서로 다른 메뉴를 주문해서 여러 가지 맛을 보며 나누어 먹는 재미가 있다. 왠지 이런 날은 조금 북적대도 잔치 분위기가 나서 즐겁다. 마치 시간을 거슬러 올라가는 여행을 하는 느낌이 든다.

미국인들은 아시아의 12지 이야기를 재미있어 한다. 12지 동물을 순서대로 정렬을 시키지는 못하지만, 많은 사람들이 자기가 어느 해에 태어났다는 것 정도는 알고 있다. 차이니즈 뉴이어 데이가 오면 방송과 인터넷 상에서 올해가 12가지 동물 중에 어떤 해가 해당하며, 12지에 따른 그해의 운을 이야기를 해준다. 퍼레이드에서는 그해

CHINATOWN
PARTNERSHIP

에 해당하는 동물 모형이 행렬에 합류한다.

신년 행사는 음력 설에만 있는 것은 아니다. 그 일주일쯤 뒤 일요일에 차이나타운은 다시 들썩인다. 본격적인 퍼레이드가 있고, 이날은 뉴욕 시장을 포함한 정치계 인사들과 각계각층의 유명인사들이 앞장서서 시작하는 신년 퍼레이드가 있다. 뉴욕을 대표하는 정치인들은 주말에 퍼레이드가 열릴 때마다 항상 참석하여 다양한 민족으로 구성된 뉴욕 시민들로부터 지지를 구한다. 뿐만 아니라 퍼레이드가 열리는 날은 이 퍼레이드를 후원한 사업체와 단체들의 홍보를 하는 날이기도 하고, 사회적인 문제에 대한 구호를 외치는 날이기도 하다.

차이나타운의 신년 퍼레이드는 중국 문화를 알리는 퍼레이드 같은 느낌이다. 이날은 중국 전통 복장을 한 사람들의 행진부터 중국 연예인, 미녀, 용의 모형, 그해 동물의 모형, 춤추는 사자, 음악가들, 댄서들, 밴드의 대열, 무술 연기자들 등의 행렬이 이어져 볼거리가 끝이 없다. 차이나타운의 신년 퍼레이드는 뉴욕에서 열리는 규모가 큰 퍼레이드 중에 그해에 가장 처음으로 열리는 축하 행사이다.

신년이 시작되는 차이나타운은 폭죽을 터뜨리는 소리로 요란하다. 이날 터뜨리는 폭죽은 실제로 화약을 뿜어 내는 폭죽은 아니다. 하지만 원통의 폭죽 통 속에 색종이 조각을 가득 담고 있어서 터질 때 타다닥하는 소음과 함께 색종이 조각이 공중에 뿌려진다. 하늘에는 폭죽에서 뿜어져 나온 형형색색의 조각 색종이들이 꽃가루처럼 떨어진다. 차이나타운의 거리에 반짝이는 색종이가 쌓인다. 차이나타운의 신년 퍼레이드에는 왠지 모르게 질펀하고 원색적인 멋이 있다.

누군가 뉴욕에 살고 있거나 설날 즈음에 뉴욕을 방문할 기회가 있다면 꼭 차이나타운을 가보라고 추천해 주고 싶다.

세인트 패트릭스 데이 퍼레이드

언제 3월 17일 오전 11시

어디서 5번가의 44가에서 86가까지

● ● ●

미국의 명절들은 각각 상징적인 색이 다르다. 미국인들은 세인트 패트릭스 데이가 되면 초록색의 옷을 입거나 초록색의 장식을 한다. 레스토랑에 가더라도 초록색의 인테리어로 뭔가 세인트 패트릭스 데이의 분위기를 풍긴다. 미처 생각지 못한 작은 부분조차 세인트 패트릭스 데이에는 모두 초록색으로 꾸며져 있다. 세인트 패트릭스 데이는 아일랜드 명절일 뿐만 아니라, 아주 중요하게 여겨지는 미국 명절 중의 하나이다. 미국인의 약 10에서 15퍼센트가 아일랜드인의 피를 물려받았다는 이야기가 있을 정도로 미국의 역사 중에는 아일랜드인의 이민이 커다란 부분을 차지한다.

아일랜드인들은 사람들과 잘 어울리고 쉽게 친해지는 성격이다. 그리고 다른 문화에 대해서도 비교적 마음이 열려 있는 편이다. 스포츠와 음악을 좋아하고 밝고 쾌활하다. 얼굴색이 유난히 희고 주근깨가 많고 붉은 머리카락이 많다. 또 술을 좋아하고, 성격이 급하고 정의감에 불타는 다혈질의 성격이다. 수난을 많이 겪었던 민족인 만큼 단결력과 모국에 대한 애국심과 자부심이 많다.

아일랜드인들의 주식은 감자였다. 1845년부터 갑자기 감자 마름병이 돌았는데, 감자를 주식으로 하고, 또 그것을 대체할 다른 식용 작물이 없었던 아일랜드에서는 수많은 사람들이 굶주려서 사망했다. 역사상 유래없는 비극으로 인해 많은 아일랜드인들은 미국으로 이민을 오게 되었다. 그러나 미국에서의 그들에 대한 차별은 만만치 않았다. 미국은 이들에게 불리한 이민법을 만들어 이민자들을 차별했다.

오랜 세월 동안 영국의 지배하에 가난한 농민으로 살아왔던 이들은 영어를 좀 수월하게 한다는 것 외에는 정말 가진 것이 없었고, 막노동과 하녀 일 등으로 생계를 꾸려 갔다. 1892년부터 약 60년에 걸쳐 모두 1천 2백만 명이 유럽에서 이주해 오면서 본격적인 이민이 시작되었는데, 이들 1천 2백만 명 가운데서 가장 먼저 신대륙에 발을 디딘 아일랜드계 이민 여성 '애니 무어Annie Moore'는 미국에 성공적으로 정착을 한 예로 '엘리스 섬의 애니'라는 유명한 일화가 있다.

케네디 대통령도 아일랜드의 후예였다. 케네디가에서는 대를 이어서 이민을 규제하는 집단과 투쟁을 했다. 이러한 투쟁은 개인의 신념을 넘어 가난한 아일랜드계 이민자의 후손으로 아메리칸 드림을 일군 차원의 가업이었다. 케네디가 암살당한 뒤 1965년에 이민법 개혁의 법안이 실효를 거두기 시작하였고, 이 법안으로 훗날 한인들을 비롯한 아시아계의 이민이 급속히 늘어나게 된 것도 사실이다.

미국에 아일랜드계가 차지하는 비율이 많은 만큼 세인트 패트릭스 데이는 특별하다. 하지만 초록색을 강조한 의상과 장식 말고는 이날을 경축하는 음식에 대해서는 사람들이 그다지 중요하게 여기는 것 같지 않다. 다만 제과점을 가더라도 모든 쿠키

와 케이크, 그리고 포장지 같은 것들이 모두 이날을 상징하는 초록으로 장식되어 있을 뿐이다. 콘드 비프Corned Beef라는 소금에 절인 소고기가 세인트 패트릭스 데이의 음식인 것이 확실하지만, 그것조차 전통적인 아일랜드 음식은 아니다. 그것은 뉴욕 시의 전통 음식이다. 세인트 패트릭스 데이에는 뉴욕, 보스턴, 세인트루이스, 샌프란시스코, 시카고, 런던, 시드니와 같은 큰 도시는 대형 축하 퍼레이드가 열린다.

세인트 패트릭스 데이는 아일랜드의 대표적인 축제일이지만, 정작 세인트 패트릭은 아일랜드인이 아니었다. 정확한 출생지가 어딘지는 확실하지 않지만 그는 4세기경 로마 지배하에 있는 브리튼의 북부지금의 스코틀랜드에서 태어났다.

그는 로마노 브리티시였다. 하지만 시대를 거슬러 올라가면, 지금의 아일랜드 지역에는 픽스Picks, 루인즈Ruins, 그리고 드루이드Druid라는 부족들이 있었고, 그 시절 그들의 파워는 막강했으며, 주변 부족에 쳐들어가 아이들을 납치해서 노예로 만들었다. 패트릭은 브리튼의 귀족이었으나, 드루이드족에 납치되어 아일랜드로 오게 되었다. 수년 동안 패트릭은 그들이 자신을 죽일지도 모른다는 두려움으로 살았다. 그 당시에는 보통 노예들이 성장해서 싸울 수 있을 정도가 되면 죽이곤 했다.

어느 날, 패트릭은 "이제 네가 탈출할 시간이 왔다."고 말하는 신의 목소리를 들었다고 한다. 그는 "네가 고향으로 갈 배가 준비되어 있다."라는 소리에 배를 타고 고향에 있는 가족에게 돌아왔고, 그가 신의 계시를 들을 수 있는 능력이 있다는 사실을 알게 되었다. 그는 신으로부터 아일랜드로 돌아가 픽스, 루인즈, 드루이드와 같은 작은 부족을 통합하여 신을 믿게 하라는 명령을 들었다.

패트릭은 아일랜드로 돌아가 6년 동안을 슬레미시Slemish 산에서 양 떼과 함께 살았다. 땅은 거칠고 황량했지만 패트릭은 이 버려진 사람들을 구원하겠다는 믿음으로 스스로를 위로했다. 그는 이 시기에 그를 이곳으로 오게 한 하나님을 위해서 밤낮으로 기도했다.

세인트 패트릭은 다신교도들을 가르쳐 하나의 신을 믿는 기독교로 개종시켰다. 그는 부족들 스스로가 더 잘 방어하고 보호하게 하기 위해서 그들을 하나로 통합시키고, 원시 신앙이나 민간 신앙을 믿고 있던 그들에게 유일신인 하나님에 대한 개념을

가르쳤다.

또 한 가지 세인트 패트릭에 대한 재미있는 것은, 그가 행한 기적 가운데 하나로 아일랜드에 있는 모든 뱀을 쫓아 버렸다는 일화가 있다. 하지만 역사를 아무리 살펴보아도 아일랜드에는 뱀이 있었던 적이 없었고 지금도 없다.

그는 교육을 잘 받은 귀족이었으므로 여러 학문에 능했고, 특히나 수학을 잘했다. 드루이드 부족은 그가 수학을 잘했기에 그를 매우 신뢰했다. 그리고 나서 그는 픽스 부족과 루인즈 부족에게 가서 그들을 도왔다. 그들도 그가 그들 문화를 여러 방면으로 도왔기 때문에 그를 매우 신뢰하였다. 그중에 드루이드 족은 그를 믿는 가장 큰 부족이었다. 그는 그가 가진 신뢰와 부족들 간의 협력을 통해서 군대를 만들었고, 그들 사이의 분쟁을 종료시켰다. 그것은 그 자체로 기적이었고, 그는 진정으로 기독교를 그들에게 전달해 준 사람이었다. 그는 기독교와 함께 이들에게 경제적 성장도 가져다 주었다.

세인트 패트릭스 데이는 국제적으로 3월 17일에 열린다. 이날은 가톨릭 교회, 성공회 단체특히 아일랜드 교회, 동부의 정통 유대교회, 루터파 교회에 의해 경축된다. 세인트 패트릭스 데이는 17세기 초기에 공식적인 축제가 되었고, 점점 더 일반적인 아일랜드의 문화를 축하하는 세속적인 행사가 되었다.

이날은 초록색의 의상을 입고, 교회에 출석하고, 사순절의 나머지 기간 동안 금기되었던 금식과 금주에 대한 제한을 풀어 주어 금지되었던 욕망을 해소하게 해준다.

세인트 패트릭스 데이는 아일랜드 공화국, 북아일랜드, 뉴펀들랜드, 라브라도, 그리고 몬트세라에서 공휴일로 한다. 이 축제는 또한 아이리시 디아스포라, 특히나 영국, 캐나다, 미국, 아르헨티나, 오스트리아, 그리고 뉴질랜드와 같은 나라에서도 널리 축하된다.

세인트 패트릭은 민속적인 다신교를 믿는 아일랜드인들을 기독교화시키기 위해 30년 간 복음 전도를 한 뒤 461년 3월 17일에 죽었다. 그리고 전통에 따라서 그는 다운패트릭스Downpatricks에 묻혔다. 패트릭은 고통을 견디어 내며 아일랜드에 기독교를 전파함으로써 아일랜드의 교회에서 존중을 받았다. 미신을 숭배하고 부족간의 침략과 약탈이 난무하던 시절에 선을 추구하고 행하는 종교를 전파시킨 패트릭은 그야말로 성자였던 것이다.

원래 세인트 패트릭과 연관되는 색은 파란색이었다. 그러나 해가 지나면서 녹색이 세인트 패트릭스 데이와 연관이 되는 색으로 되었다. 17세기 초기에는 세인트 패트릭스 데이를 축하하기 위해 녹색 리본과 클로버 장식을 했다. 세인트 패트릭은 신성한 삼위일체를 이도교인 아일랜드인들에게 쉽게 설명하기 위해 세잎 클로버를 사용하였다고 한다. 클로버가 장식된 옷을 입고 클로버에서 영감을 받은 디자인을 사용하는

CAVAN P&B ASSN.
ORG. 1848
CAVAN

것은 이날을 기리기 위한 상징이 되었다.

　세인트 패트릭의 축제일은 아일랜드인에 의해 만들어진 국경일로서 이미 9세기와 10세기의 유럽에서 경축되었고, 교회에서는 특정한 의식 기간 중에 세인트 패트릭의 축제를 치르는 것을 피한다.

　세인트 패트릭스 데이 퍼레이드는 1931년 아일랜드의 수도 더블린에서 처음 열렸

다. 1990년 중반에 아일랜드 공화국 정부는 세인트 패트릭스 데이를 아일랜드와 그 문화를 소개하기 위한 전시장으로 사용했다.

　그러는 가운데 세계의 기독교 지도자들은 세인트 패트릭스 데이의 세속화에 대해 우려를 표명하며, 술을 마시고 흥청망청 떠들고 노는 것에 대해 이의를 제기하고, 경건함을 찾아 건전하게 축하하기를 바랐다.

하지만 사람들은 아랑곳하지 않고 세인트 패트릭스 데이에 그린 맥주와 위스키를 마신다. 특히나 기네스 맥주는 아일랜드를 대표하는 맥주 회사이고 역시 세인트 패트릭스 데이의 상징처럼 초록색과 클로버 잎으로 상징된다. 그래서 세인트 패트릭스 데이에는 클로버와 녹색이 상징인 아일랜드의 술, 기네스 맥주를 마셔야 할 것 같은 기분이 든다.

세인트 패트릭스 데이에 대해서 잘 모르는 사람들은 왜 성인의 죽음을 추도하는 날에 술을 마시고 한판 잔치를 벌이는지에 의아해한다. 이는 여러 가지로 추측해 볼 수 있다. 사실 중세에 교회에서 치러지던 교회 축제는 예배가 끝난 후에 일반인들은 큰 잔치를 치르는 것이 예사였다. 그것은 사람들이 원래 가지고 있던 민간 신앙과 원시 신앙에서 유래하는 경우가 많다. 교회는 기독교를 처음 대중에게 알릴 때 사람들이

즐기던 민간 축제의 성격을 많이 기독교화하였다. 그래서 중세의 축제를 살펴보면 이러한 축제에 관한 예들이 아주 많다. 지루하고 고단한 일상을 사는 사람들에게는 내면에 잠재되어 있는 자신의 감정을 분출할 기회가 반드시 필요한 것이다. 그런 데다가 이날은 40일 간의 금욕 기간인 긴 사순절 동안에 억제되어 있던 본능을 일시적으로 풀어 주는 날이다. 그러던 전통이 현대에 와서 상업주의적인 열풍에 맞춰서 더욱더 심해진 것이라고 추측된다.

세인트 패트릭스 데이의 음주 문화는 항상 이슈가 되어 왔다. 그래서 퍼레이드가 열리는 날에는 예상되는 음주와 소란에 대한 규제의 경고가 있지만, 퍼레이드가 끝나면 어김없이 초록의 색종이가 뿌려진 거리에 때때로 깨진 맥주병과 술이 쏟아져 있고 가끔은 취기에 소란을 부리는 무리들도 눈에 띄곤 한다. 날이 저물면 모두들 무리를 이루어 바 혹은 선술집으로 발길을 돌려 못다 한 회포를 푼다.

뉴욕에서 열리는 세인트 패트릭스 데이 퍼레이드는 세계에서 가장 큰 퍼레이드이다. 어떤 해에는 밴드, 소방관, 군인과 경찰관 그룹, 카운티 협회, 이민 협회, 사회와 문화적인 클럽을 포함한 15만 명의 인구가 행진하고 2백만 명의 관중이 지켜보았다.

퍼레이드는 2.4킬로미터의 길이로 맨해튼의 5번가를 지난다. '뉴욕의 정치인들 또는 선거에 출마하는 사람들' 은 항상 퍼레이드의 행렬에 합류하여 왔다. 뉴욕 시장은 전통적으로 이 퍼레이드에 합류한다.

뉴욕에서의 세인트 패트릭스 데이 퍼레이드는 성자를 기리는 날이기보다는 아일랜드의 문화를 알리고 초록색으로 차려입고 하루를 흥겹게 축제처럼 즐기는 성격이 더 강하다. 이날 퍼레이드에서는 양모 스웨터를 입고, 특히 남자들은 체크 무늬 치마를 입는다. 킬트kilt라고 불리는 남자들의 체크 무늬 주름 치마는 스코틀랜드, 아일랜드, 영국, 웨일즈를 비롯해서 켈틱Celtic 문화의 영향을 받은 나라들의 전통 복장이다.

세인트 패트릭스 퍼레이드가 열리는 시기는 칙칙한 겨울을 뒤로 하고, 빨리 봄을 맞이하고픈 사람들의 심리 때문에 초록이 더욱더 화사하고 싱그러워 보인다. 그래서 세인트 패트릭의 클로버 잎을 떠올리지 않더라도 초록과 초록의 잎파리는 사람들이 봄을 기다리는 마음을 간절히 담은 것 같다는 생각도 든다.

이스터 데이 퍼레이드(부활절)

Easter Day Parade

언제 부활절 일요일 오전 11시

어디서 5번가 44가에서 57가까지

● ● ●

부활절이 돌아오는 시기면 미국 사람들은 오래전부터 들썩인다. 아니 미국뿐만 아
니라, 유럽 대부분의 나라들은 부활절 휴가 준비로 바쁘다. 몇 주 전부터 백화점이나
상점에서는 부활절을 주제로 한 상품을 준비한다. 특히나 토끼나 달걀을 주제로 한
다양한 데코레이션으로 축제 분위기를 만끽한다. 교회에 나가지 않는 사람들에게는
이날이 그리스도가 부활한 날이라는 이미지보다 초콜릿으로 만든 토끼나 각양각색

의 사탕들, 병아리 모양의 마시멜로, 계란 모양의 장식들이 먼저 눈에 들어올지도 모르겠다.

부활절에 달걀과 토끼가 등장하는 것은 그 유래가 정확치 않지만 다양한 전설과 설화를 바탕으로 추측해 보면, 부활절이 통상 봄의 시작과 때를 같이 하기 때문에 다산을 상징하는 토끼와 달걀이 농경사회의 풍작에 대한 염원과 교묘하게 접합된 것으로 보인다. 사실 우리가 '부활절' 이라고 부르는 경축일은 유럽 전래의 '봄의 축제' 이다.

부활절은 기독교 교회력으로는 중요한 축일 중의 하나로 예수 그리스도가 십자가에 못 박혀 죽은 지 3일째 되는 날 부활한 것을 기념한 날이다. 하지만 우리나라에서 '부활절'이라고 부르는 날은 종교적인 의미로서의 경축일이고, 영어로 이스터 데이 Easter Day라고 부르는 경축일은 종교적인 의미의 경축일만은 아니다. 이스터 데이의 기원은 정확하게 알 수는 없으나, 앵글로색슨족이 숭배하는 봄과 새벽의 여신 '에오스터Eoster'에서 파생된 것이라고 추측된다. 그 다신교적인 이름은 부활절을 뜻하는 영어의 이스터Eastre라는 고대 영어에 맞춰 바꾼 말이다. 이 여신의 축제는 해마다 춘분에 열린다.

이 날짜에 즈음해서 유대교에서는 유월절Passover이라는 아주 중요한 경축일이 있다. 유대인들이 이집트에서의 기나긴 노예 생활에서 풀려난 것을 기념하는 날이다. 하지만 부활절과 유월절은 관계가 없다. 유대인들은 그리스도를 메시아라고 믿지 않기 때문에 부활절을 경축하지 않는다. 다만 이 두 경축일이 비슷한 시기에 있어서 둘을 따로 경축하기도 한다. 그래서 유대인이 많은 뉴욕에 사는 경우 유대인에게는 '해피 이스터'라는 인사말보다는 '해피 패스오버'라는 인사말이 더 적당하다. 또는 그

냥 '해피 홀리데이' 라고 말하는 것도 좋은 방법이다. 이스터와 패스오버는 교회력과 유대 교회력의 계산법에 의해서 각각 다른 날에 온다.

부활절은 해마다 경축하는 날이 다르다. 보통 3월 22일부터 4월 25일 사이에 부활절을 준수한다. 사실 그리스도가 태어난 날을 정확히 알 수 없듯이, 그리스도가 부활한 날도 정확히 알 수 없다. 성경 어디에도 그날이 몇월 며칠인지 나타나지 않는다. 그래서 초대 교회에서는 처음 3세기 동안 해마다 부활절을 지켜야 할 날짜에 대하여 의견 차이가 있었다고 한다. 동방 교회에서는 유월절을 계산하는 방법에 따라 부활절을 음력으로 결정했고, 서방 교회에서는 부활절은 언제나 주일인 일요일에 지켜야 하며 예수님이 십자가에 못 박힌 날은 언제나 금요일이 되어야 한다고 주장했다.

이렇게 팽팽한 대립 끝에 325년 니케아 종교회의에서 두 주장을 다 수용하여 '부활절은 춘분이 지난 다음 보름달이 뜬 후 오는 첫째 주일' 이 되도록 하였다고 한다. 교회력을 보지 않으면 참 계산하기 어렵고, 교회마다 행사 계획을 잡기가 불편할 정도이다. 그래서 최근에는 어느 한 주일을 부활절로 정하자는 의견이 대두되고 있으나

1500년 이상이나 지켜온 부활절을 바꾼다는 것이 그리 쉬운 일은 아니다.

북부 유럽에서는 고대부터 이미 봄에 '이스터Eastre' 축제를 계속하고 있었다. 기독교인들은 바로 이 시기에 '파스카Pascha유월절'를 경축하였다. 그 후 기독교인들은 이 파스카 축제를 '이스터Easter'라고 부르게 되었다. 어떤 의미로 그렇게 불렀는지 확실하지 않지만 예수 그리스도의 부활, 봄, 빛의 영광됨이 일치되고 있기 때문일 거라고 짐작할 뿐이다.

때로는 종교적인 색채를 지우기 위해 이스터 버니Easter Bunny를 스프링 버니Spring Bunny로 부르기도 한다. 미국이나 유럽에서는 부활절 전날 이스터 에그Easter Egg를 준비한다. 사람들은 달걀을 삶아서 달걀 껍질에 예쁘게 색칠을 하여 집 주변에 숨겨 놓는다. 보통은 생명을 상징하는 녹색으로 색칠하지만, 예수를 상징하는 붉은색으로 색칠하기도 한다. 사실 미국에서는 달걀에 온갖 색을 다 동원해서 예쁘게 색칠하고 장식한다. 미국의 아이들은 부활절 일요일 아침에 이스터 토끼가 남겨 놓은 사탕 바구니를 찾으려고 일어난다. 그 바구니 안에는 토끼 모양의 초콜릿, 여러 가지 색으로 만들어진 병아리 모양의 마시멜로, 그리고 젤리빈 같은 것들이 담겨져 있다. 이를 이스터 헌팅Easter Hunting이라고 한다. 이러한 풍습은 크리스마스에 산타 할아버지가 남겨 놓은 선물 꾸러미를 풀어 보는 것과 똑같은 의미로 어린아이들에게는 마냥 신 나는 일이다. 미국의 아이들은 이스터 데이에 토끼 모양의 머리띠를 하거나 모자 위에 달걀을 장식하고 달걀 바구니를 들고 다닌다. 아마 이것이 미국의 행복한 어린 시절의 전형이 아닐까 싶다.

이런 놀이는 가정에서도 하지만, 이웃이나 기관 같은 곳에서도 행사를 주최하고 있

5번가에 있는 성 토마스 교회Saint Thomas Church Fifth Avenue

다. 이 게임에서 달걀을 많이 찾아내는 어린이에게는 상을 준다. 또한 부활절 퍼레이드에 의상 콘테스트 같은 것을 주최하기도 한다. 아마 미국 내에서는 뉴욕 5번가에서 열리는 퍼레이드가 가장 유명하지 않을까 생각된다.

부활절 저녁 식사로는 크리스마스 때처럼 햄을 먹는다. 사실 햄을 먹는 것은 예수의 부활과는 아무런 연관이 없고, 오히려 다신교적인 기원이 더 많다. 연관이 있다면, 40일 간의 금욕 기간인 사순절이 끝나고 맞는 날이 부활절이기에 금지되었던 고기를 이날 축제를 통해서 먹는 것이 아닌가 생각된다. 원래 다신교도들의 전통에 의하면 이날은 돼지고기를 먹는 날이었다고 한다. 예전에는 가을에 돼지를 잡아 햄으로 만들어 겨울 동안 저장했다가 가족과 친지들이 함께해 이날 햄으로 저녁 식사를 하는 것이 전통으로 내려온다. 한편 호텔에서도 대규모 부활절 뷔페를 준비한다.

부활절은 봄을 맞이하는 축제이다. 기독교 국가에서 부활절은 그리스도의 부활을 경축하는 종교적인 휴일이다. 그러나 부활절에 열리는 다양한 행사들은 오랜 풍습과 전설에서 온 것으로 기독교와는 아무 상관이 없다.

우선 달걀은 생명의 부활과 다산을 상징하고 있다. 봄의 여신 아스타르테Astarte–이스터Easter는 하늘에서 유프라테스 강으로 떨어진 거대한 달걀에서 부화되었다고 한다. 우리가 경축하는 이스터 데이는 이 여신의 이름에서 유래된 것이다.

또한 고대 이집트 인들과 그리스 인들은 종교 의식에서 알을 사용했을 뿐만 아니라 비밀스런 목적을 위해 사원에 알의 형상을 만들어 바치기도 했다. 그리고 고대 영국의 드루이드교도들은 달걀을 자기들 단체의 거룩한 상징으로 지니고 다녔으며, 로마에서 풍요의 여인 케레스Ceres 행렬에서는 달걀이 앞서 갔다. 아테네에서는 바커스Bacchus 제전이나 디오니시아카Dionysiaca의 제전 때 달걀을 바치는 종교 행사가 거

행되었다. 그 밖에도 인도의 힌두교도들이 금빛을 띤 창조의 알을 숭배했다.

그럼 기독교에서 말하는 달걀의 유래는 어떤 것일까. 부활절에 달걀을 먹는 관습은 여러 가지로 해석된다. 첫 번째, 금식을 하는 사순절이 끝나고 부활절을 맞이하는 아침에 그동안 먹지 않던 고기나 달걀을 먹기 시작하는 데서 유래되었다. 두 번째, 죽음을 깨우치고 부활하신 그리스도의 위대함과 놀라움은 달걀의 껍질을 깨치고 나오는 새로운 생명체와 같다는 의미이다. 세 번째, 십자군전쟁 때 전쟁에 나간 남편을 기다리는 로자린느라는 부인이 남편을 기다리다 새의 둥우리에 있는 알들을 염색해서 동네의 아이들에게 나누어 주게 되고, 그 알을 우연히 보게 된 남편이 부인을 찾아 돌아온다는 일화에서 유래되었다고 하기도 한다. 또 예수님이 십자가를 지고 갈보리까지 갈 때 잠시 십자가를 대신 져준 구레네 시몬의 직업이 달걀 장수였는데, 그가 집으로 돌아가 보니 닭장에 있는 알들이 모두 무지갯빛으로 변했다는 설에서 유래되었다는 말도 있다.

하지만 부활절 이전, 즉 고대부터 내려오던 이스터 축제의 상징은 달걀이 아니라 토끼였다. 봄을 상징하는 이스터Easter 여신은 겨울이 막바지에 이른 어느 날, 날개가 얼어 죽어가는 새 한 마리를 토끼로 바꾸어 살려 주었다고 한다. 토끼가 된 이 새는 여전히 알을 낳았고, 이 이야기가 이스터 바니Easter Bunny의 근원이라는 설이다.

이 부활절 토끼 풍습은 독일인들이 미국에 이민을 오면서 함께 들어왔다. 그 이전의 미국은 엄격한 청교도가 지배하고 있어서 이 이교도적인 토끼 이야기는 부활절에 끼어들 틈이 없었다고 한다.

달걀과 더불어 부활절 토끼에 관한 유래로 한 가지 더 인용하자면, 부활절 토끼와 부활절 달걀은 둘 다 다산의 상징이었으며, 고대의 관습으로부터 기독교에 흡수된 것이라 추측된다.

뉴욕의 '이스터 데이 퍼레이드'는 엄밀하게 말하면 퍼레이드라기보다는 부활 주일

EXCHANGE
REMCO
5

FLAGSHIP RETA
SPACE   VAILA

에 차가 없는 거기를 화사한 치장을 한 채 자유롭게 걸어다니는 산책의 행렬이라고 보면 된다. 그래서 종교적으로 의미가 없고 다소 비공식적이고, 조직적이지 않은 이벤트이다. 이스터 퍼레이드에 참여하는 사람들은 전통적으로 새로운 유행의 옷을 입는데, 특히 여자들은 아름답게 장식된 커다란 모자를 쓰고 나와서는 거리를 활보한다. 요즘에도 커다란 모자를 쓰지만, 오히려 복고풍의 의상을 입고 거리를 활보한다. 이스터 데이 퍼레이드는 뉴욕에서는 5번가에서 펼쳐지지만, 다른 도시에서도 이와 같은 퍼레이드가 있다. 이러한 이벤트는 1870년 경에 자발적으로 발생되었다. 특히나 뉴욕의 이스터 데이 퍼레이드는 1947년인 20세기 중엽에 규모가 점차 커지면서 1백만 명이 넘는 사람들이 이 행사에 참여하였다고 한다. 점차 그 수가 많이 감소하여 지금은 3만 명 정도가 참여하고 있다.

원래 부활절 퍼레이드의 역사는 기독교 문화의 일부분으로 시작하였다. 성 주간에 예수가 십자가를 짊어졌던 골고다 언덕에서 행해지던 것이 부활절 퍼레이드의 전신이다.

중세 암흑기 동안 동유럽의 그리스도인들은 부활절 전에 지정된 장소에 모인 다음, 엄숙하게 도보를 하였다. 그들의 뒤를 따라서 찬양의 노래를 부르는 것이 또 다른 형태의 퍼레이드가 된 것으로 보인다. 이러한 행렬은 교회인들의 믿음을 확고히 하고, 눈으로 확연히 보여지는 형태로 진행이 되기에 믿음이 없는 사람에게도 다가가기도 했다. 그 당시에도 참가자들은 행사에 대한 성의와 정성을 보이고자 가장 멋들어지고 훌륭한 복장을 입고 참여했다고 한다.

미국 초기 부활절 행사는 1782년 경, 독일 이주민들이 펜실바니아에서 부활절 월요일에 종교적인 의미가 아닌 퍼레이드로서의 행렬을 하였고, 이것이 점차 퍼져서 이 공휴일을 축하하게 되었다.

1880년부터 1950년대를 거치는 동안, 뉴욕의 이스터 데이 퍼레이드는 미국을 상징하는 중요한 문화행사가 되었다. 이 퍼레이드가 발전하여 뉴욕에 있는 트리트니 에피스코팔 교회Trinity Episcopal Church, 세인트 패트릭스 캐서드럴St. Patrick's Cathedral, 그리고 세인트 토마스 에피스코팔 교회St. Thomas Episcopal Church와 같

은 고딕 양식의 교회에 영향을 주었다. 19세기 교회들은 부활절에 꽃으로 제단을 장식하였고, 종교적인 의미가 아닌 봄의 축제로 거듭난 것에 대해 전통주의자들에게 다소 비난을 받기도 했지만 대체로 잘 받아들여진 편이었다. 새로운 관행은 확대되어서, 화환의 디스플레이들이 더욱더 정교해졌다. 그리고 곧 하나의 스타일로 확고하게 자리매김되었다. 이 교회에 참석하는 사람들은 화려한 옷차림으로 봄의 축제인 부활절 분위기를 구체화시켰다. 1873년의 신문에는 교회에 참석한 여인들의 옷차림을 화려하고 정교한 성장을 한 드레스로 묘사하기도 했다.

1880년 경 부활절 행진은 패션과 종교 의식이 만나는 대단한 광경이 되었다. 교회의 이벤트가 끝난 후 사람들은 새롭고 화려한 의상으로 거리를 활보하고 갖가지 꽃으로 장식된 작은 수레를 밀고 한가로이 거리를 거닐며 만나는 사람마다 '해피이스터'라고 서로에게 인사했다. 일반인들은 관람자로서 퍼레이드를 지켜보면서 최신의 유행이 어떤 것인지를 지켜보았다. 1890년대가 되면서 이 행렬은 '이스터 퍼레이드 Easter Parade' 로서 뉴욕의 주요 축제 중 하나로 자리매김하게 되었다.

1875년, 이스터 퍼레이드에는 보이지 않는 상업적인 면모가 있었다. 1900년대에 이 퍼레이드는 오늘날의 크리스마스 시즌처럼 소비와 판매에 있어서 중요한 역할을 하였다. 그렇지만 모든 사람들이 이 퍼레이드에서 보여지는 부와 미에 찬사를 보낸 것이 아니었다. 비평가들은 이스터 행사에서 보여지는 부와 미의 과시가 미국의 순박하고 검소한 가치관에 위배한다는 생각에 우려를 하기 시작한 것이다.

1914년, 사회 평론가 에드윈 마크햄Edwin Markham은 부활절에 인조 꽃을 만드는 공장의 노동력 착취에 대해서 언급하였다. 그래서 대공황 동안에는 해고된 근로자들이 거칠게 해진 옷을 입고서 일부러 퍼레이드에 참가하였다. 그리고는 종종 그들의 궁핍과 곤경을 알리는 깃발을 들기도 하였다. 선동자들은 퍼레이드를 대중의 주목을

끌고 탄원을 위한 수단으로 사용하였다. 오늘날에도 때때로 사람들은 사회에서 일어나는 다양한 이슈를 들고 나와 퍼레이드에 합류하기도 한다.

1933년에 미국의 작곡가 어빙 베를린Irving Berlin은 〈이스터 퍼레이드Eater Parade〉라는 인기곡을 작곡하였다. 그 노래는 5번가의 이스터 퍼레이드에 대한 내용을 담고 있다. 그는 또 〈수천의 찬사로서As Thousand Cheer〉라는 브로드웨이 시사 풍자 코미디 뮤지컬을 작곡·작사하였다. 그리고 이 노래들이 바탕이 되어 '이스터 퍼레이드' 라는 영화가 제작되기도 했다.

50FT of Fifth Avenue Frontage
Contact: Michael Worthman
212-529-7417

20세기 중반에 이르러 퍼레이드는 종교적인 색채가 엷어지고, 미국의 번영을 상징하는 것이 되었다. 1947년 미국 국무부의 '보이스 오브 아메리카Voice of America'는 5번가의 퍼레이드를 라디오 방송으로 소련에 보냈다고 한다. 소련 체제가 경제적으로 열등하다는 것을 보여준다는 생각에서였다. 뉴욕 봄의 장대한 구경거리는 종교적인 휴일의 보수적인 축제라기보다는 미국의 의류 제품이 좋은 물건이라는 것을 보여주기 위한 수단이 되었다. 그래서 퍼레이드 그 자체가 두드러진 시작과 끝이 없고 목적도 없으며, 조직적이지 않으며, 뼈대가 없는 행사가 되었다. 1970년대의 퍼레이드는 종교적인 순수함을 보여주는 것이 아니라 장난스러움을 과시하는 것으로 전락하였다.

요즈음에는 이스터 퍼레이드에 색다른 의상을 입고서 애완 동물과 함께한다. 때때로 방송사에서 전형적 형태의 커다란 모자에 꽃들과 새 둥지가 장식되어 있는 모자를 쓰고 앞서 벌어졌던 퍼레이드를 풍자하기도 한다.

이스터 퍼레이드는 침침한 도시의 긴 겨울을 마치고 아직은 살짝 쌀쌀하지만, 봄을 빨리 맞이 하고픈 사람들의 마음을 담은 축제이다. 난 뉴욕에 이렇게 재치 가득하고, 남의 시선을 의식하지 않고 화려하게 자신을 연출해 거리를 활보하는 사람들이 있어서 좋다. 몇 년 전의 이스터 데이에는 거리에서 복고풍의 음악을 틀어놓고 복고풍의 복장으로 복고풍의 춤을 추던 무리가 있었다. 그들을 바라보던 내 마음도 더욱 화사한 봄으로 다가가는 느낌이었다.

뉴욕에 산다면, 또 이 즈음에 뉴욕에 방문할 기회가 있다면, 따뜻한 봄날 화사한 옷차림을 하고 명품점이 들어서 있는 5번가로 나와서 이들의 행렬에 합류해 보자. 좋은 추억으로 남을 것이다.

푸에르토리칸 데이 퍼레이드

● ● ●

도시는 어느덧 여름으로 가고 있다. 점점 낮의 길이가 길어지고 기온이 상승한다. 이때 축제나 퍼레이드로 도시의 모습은 점점 더 생기가 가득해지는데, 봄처럼 파릇파 룻한 생동감이 아니라 뜨거운 열정으로 보여진다. 도시의 여름은 강렬한 춤과 음악을 동원하고 몸을 노출해 보여주는 축제들이 펼쳐진다. 그 여름 축제의 시작은 푸에르토 리칸 데이 퍼레이드이다.

산후안 San Juan

　　미국에는 푸에르토리코 출신의 사람들이 많이 살고 있다. 그만큼 이들의 목소리기 크고, 축제나 퍼레이드의 규모도 크다. 푸에르토리코Commonwealth of Puerto Rico, Estado Libre Asociado de Puerto Rico는 카리브해에 있는 미국의 자치령 섬이다. 원래 스페인 영토였는데, 1898년 미국과 스페인 전쟁에서 미국이 전격적으로 푸에르토리코를 침략하여 점령에 성공하였고, 공식적인 평화조약에서 미국이 정식으로 푸에르토리코를 소유하게 되었다.

　　푸에르토리코는 현재 미국의 51번째 주가 되기를 원한다. 10년 전까지만 해도 푸에르토리코는 스스로 독립된 국가이길 원했지만, 2012년 11월 6일에 실시된 주민투표에서 미국에 편입하기를 원한다는 의견에 과반수가 찬성했다.

　　푸에르토리코 주민은 미국 시민으로 규정된다. 따라서 미국 국민보다는 다소 낮은 수준이지만 미국 연방 사회 복지 프로그램 대부분의 혜택을 받는다. 보건 수준은 미국 본토와 비슷하다.

푸에르토리코는 미미하지만 아메리카 대륙 발견 이전의 타이노 인디언 문화까지 거슬러 올라가는 전통과 인공 유물을 보존하고 있기도 하다.

푸에르토리코를 지칭하는 명칭은 여러 가지가 있지만, 원주민 타이노의 말 보리켄 Borikén에서 비롯된 보리쿠엔Borinquen이라는 명칭이 있다. 이 단어는 '용감한 주님의 땅'을 의미한다. 섬은 또한 대중적으로 '마법의 섬The Island of Enchantment'을 의미하는 스페인어로 알려져 있기도 하다.

콜럼버스가 1493년 처음 상륙한 산후안San Juan 항은 '부유한 항구'라는 뜻을 가지고 있으며, 그 당시에는 푸에르토리코를 가르키는 말이었다. 산후안 섬의 동쪽은 프라이데이 하버 타운으로 선착장, 공원, 레스토랑, 상점이 즐비하다. 국민은 대부분 해안 저지대에서 생활한다. 푸에르토리코는 고도로 도시화되었고, 산후안에만 1백 50만 명 이상이 거주하고 있다.

콜럼버스는 젊은 귀족인 후안 폰세 데 레온과 함께 1493년 11월 푸에르토리코에 도착하게 되었다. 금이 묻혀 있다는 얘기를 들은 폰세는 보리쿠엔을 식민지화하게 되고 1521년 정착지를 산후안으로 옮겼다.

푸에르토리코는 라틴아메리카로 향하는 전략적인 입구로 스페인으로 하여금 프랑스, 영국, 네덜란드의 공격을 막는 중요한 전초지 역할을 했다. 미국과의 전투에서 패한 스페인은 1898년 푸에르토리코를 미국에 양보하게 되었다. 이 섬이 미국에 경제적·정치적으로 의지하고 있다는 사실은 지속적인 논쟁이 되고 있다. 푸에르토리코의 NPPNew Progressive Party새로운 진보당은 푸에르토리코가 미국의 51번째 주가 되는 것을 지지하고, PDPPopular Democratic Party대중의 민주당은 자치적인 연방 상태의 지속을 주장하고 있다. 하지만, 1991년 푸에르토리코의 미래를 결정하는 국민투표에서 유권자들은 PDP당의 정책을 거부하고 미국의 주가 되는 길을 선택했다.

원래 푸에르토리코에는 '타이노스Tinos', '이노'라고 알려진 토착 원주민이 살았다. 이 섬은 콜럼버스가 스페인의 아메리카로 향한 두 번째 항해 중에 점령되었다. 스페인의 점령하에 섬은 식민지가 되었고, 토착 인구는 강제로 노동에 동원되었다. 그리고 그들 대부분은 유럽의 전염성 질환으로 인해 거의 전멸되었다. 그래서 스페인은 농업 정착을 위해 다수의 노동자가 필요했고, 이에 따라 사하라 사막 이남의 아프리카에서 노예를 수입하기 시작했다. 스페인과 프랑스는 이들을 사탕수수 농장에 투입했다.

스페인은 네덜란드, 프랑스와 영국의 침략에도 불구하고 4백 년 동안 푸에르토리코를 소유했다. 그러다가 1898년, 미국과의 전쟁에서 패배해 푸에르토리코를 미국에 넘겨주었다.

1917년, 미국은 푸에르토리코 사람들에게 미국 시민권을 부여했고, 1948년부터 주지사를 독자적으로 선출했다. 하지만 아직 미국 대통령 선거에 투표를 할 수 있는 것은 아니고, 단 그들이 미국에 이주하여 살 경우에는 투표권이 있다.

카리브해에 위치한 이 연방 국가는 수백 년 간 무역의 중심지 역할을 했으며 이로 인해 많은 외부인들이 이곳에 정착하면서 문화를 만들어 냈고, 따라서 푸에르토리코의 문화는 다중 문화가 어우러진 곳이 되었다.

푸에르토리칸 데이 퍼레이드는 해마다 뉴욕 시 5번가를 따라서 펼쳐지는 퍼레이드다. 매년 6월의 둘째 주에 열리고, 푸에르토리칸 출신의 미국에 거주하고 있는 거의 4백만 명에 가까운 푸에르토리칸 교민들을 위한 행사이다. 2006년에는 8만 명이 참가하였고, 길에서 그 광경을 지켜보던 관중도 거의 2백만 명에 달하였다. 퍼레이드는 항상 푸에르토리코 출신과 그 문화를 물려받아 미국에 거주하고 있는 유명 인사들이 동원되고 있다.

이 퍼레이드는 5번가를 따라서 44가에서 86가를 향해서 진행되며, 해마다 거의 수

백만 명의 관중을 동원할 정도로 뉴욕 시의 가장 큰 퍼레이드 중 하나이다.

맨해튼에서의 첫 번째 푸에르토리칸 데이 퍼레이드는 전신인 히스패닉 데이 퍼레이드를 대신하여 1958년 4월 13일, 일요일에 개최되었다. 지금 히스페닉 데이 퍼레이드는 10월에 독립적으로 펼쳐지고 있다. 1995년의 퍼레이드는 내셔널 푸에르토리칸 데이 퍼레이드를 더욱 조직적으로 만들었다.

퍼레이드의 주최측은 퍼레이드가 행하여지는 주말에 7개 이상의 주요 이벤트를 개최하고 있다. 뿐만 아니라 퍼레이드 조직으로부터 후원을 받지 않는 수십 개의 이벤트들이 도시 곳곳에서 열린다. 뉴욕 시 퍼레이드 외에도, 미국 전역에는 규모가 작은 50개가 넘는 푸에르토리칸 데이 퍼레이드가 펼쳐지고 있다.

퍼레이드는 뉴욕의 전·현직 정치인들을 끌어들였다. 2007년과 2010년에는 가수인 마크 앤서니Marc Anthony가 아내 제니퍼 로페즈Jenifer Lopez와 함께 퍼레이드에

Cotto
EL Campeon
Boricua
BERGDORF GOODMAN
NATIONAL P
DAY PA

BERGDORF GOODMAN
4th RUNNER
ERTO RICAN
DE INC.

Puerto Rican
CUNY

참여했고, 가수인 리키 마틴Ricky Martin 역시 국제 연방 보안관International Grand Marshal의 이름으로 참가하였다. 국제 연방 보안관 외에 국립 살사 대사National Ambassador of La Salsa와 국립 대모National Godmother, 그리고 킹King이라는 타이틀 하에 다수의 수상자들이 함께 참여하였다.

이 퍼레이드는 '더 푸에르토리칸 데이The Puerto Rican Day' 라는 타이틀로 NBC 시사 코미디 〈세인필드Seinfeld〉의 에피소드로 주목받기도 했다. 그 에피소드 속에서, 제리 세인필드Jerry Seinfeld, 조지 코스탄자George Costanza, 그리고 코스모 크레이머Cosmo Kramer는 퍼레이드 때문에 시내 한복판에서 교통 정체 속에 놓이게 되고 그들은 사고로 우연히 푸에르토리코 국기에 불을 지르고 춤을 추는데, 그로 인해 화

가 난 푸에르토리코 폭도들에게 쫓기게 된다는 내용이었다. 이 장면은 논쟁을 불러일으키고 결국 NBC는 이 에피소드를 방영하지 못했다.

2001년 NBC의 장기 범죄 시리즈 〈법과 질서Law & Order〉에서는 2000년에 있었던 퍼레이드에 대해 부정적인 측면을 묘사하였다. 국립 푸에르토리칸 연합은 그 에피소드에 대해 항의를 했고, 방송사는 사과하였다. 회사 역시 민감한 이슈가 되는 프로그램 방영에 관한 절차를 강화할 것을 약속했다.

최근 몇 년 간은 라틴 킹Latin King, 블러드Bloods, 그리고 크립스Crips와 같은 갱단들이 이 이벤트에 관계된 사건으로 기록되었다. 2000년 6월 11일에는 센트럴파크에서 부녀자를 대상으로 성폭행이 일어나 많은 사람이 검거되기도 했다.

2010년 6월에는 퍼레이드의 '인터내셔널 가드 파더' 로서 영화배우 오스발도 리오스Osvaldo Rios가 선출되었는데, 그는 푸에르토리코에서 전 여자친구를 폭행한 혐의로 2004년에 3개월을 복역한 사실 때문에 그의 선출에 대해 논쟁이 일어났다. 미국 하원의원 루이스 귀테레즈Lewis Guiterrez와 버라이즌Verizon미국의 통신 회사과 같은 후원사, 그리고 많은 참가자들이 그의 과거 행적으로 인해 후원과 참여를 철회하기로 했다. 언론과 함께 정치인, 공무원, 가정 폭력 협회 등 주변의 압력으로 결국 리오스는 그의 아이들과 푸에르토리코 출신의 미국 여성 국회의원인 니디아 벨라스키즈Nydia Velasquez와 함께 문제를 논의 후 퍼레이드에 참석하지 않기로 결정했다. 그래서 마지막 순간에 그를 대신해서 가수 마크 앤서니Mark Anthony와 그의 부인 제니퍼 로페즈Jenifer Lopez가 참석하였다.

정말 말도 많고 탈도 많은 잔칫날이다. 원래 축제는 사람들을 열광시키기에 많은 사건들이 따라오기 마련이다. 그리고 때로는 축제의 자리를 빌어 자신의 명예나 부, 지위를 과시하기도 한다. 사실 퍼레이드의 대사로 임명되는 것은 개인적인 명예이다. 무엇보다 축제는 스스로 속한 공동체에 대한 결속력을 다지는 날이 되는 것이다.

퍼레이드가 열리기 몇 주 전부터 뉴스에서는 푸레르토리칸 퍼레이드에 대해서 소개한다. 그만큼 푸에르토리코 사람들이 미국 내에 많이 살고 있고, 미국 사회에서 중요한 일부분이 되었다는 것을 의미한다.

사실 우리나라 사람들에게는 '할로윈 퍼레이드' 나 '이스터 데이 퍼레이드', '게이 퍼레이드' 에 비해 푸에르토리칸 퍼레이드가 그렇게 많이 알려져 있는 것은 아니다. 그러나 미국 언론에서는 매일 이 퍼레이드에 대해서 소개되고, 그날의 날씨가 어떠할 것이라든지 무슨 행사가 있을 것이라는 얘기도 많이 다룬다. 그래서 난 퍼레이드가 궁금하기도 하고 별다른 할 일이 없는 휴일에는 맨해튼에 어떤 행사가 열리는지 인터

넷으로 검색하다가 그저 혼자서 돌아다니기에도 심심하지 않겠다는 마음으로 푸에르토리칸 퍼레이드를 가봤다. 뉴욕에는 주말이면 헤아릴 수 없는 수많은 행사들이 있다. 특히나 퍼레이드는 별다른 준비가 없어도 거리에서 그 행사의 특색 있는 음악과 의상과 춤을 감상할 수 있어서 부담없이 가보게 된다. 그러면 미국에서 일어나는 행사 중에 어떤 행사가 어떤 의미가 있고, 또 사람들은 그 행사를 어떻게 즐기는지를 알게 된다.

미국에서 라틴계 사람들이 차지하는 숫자가 점점 늘어나서 정치인들도 그들의 표를 얻기 위해서 노력하는 모습을 보여준다. 퍼레이드가 펼쳐지는 난장판 가운데 콘크리트 바닥에는 '뉴욕 시장 마이크 블룸버그Mike Brooburg를 지지하는 라티노' 라는 파란색의 광고지가 흩어져 있었다. 이제 미국에서 푸에르토리칸의 파워는 결코 무시할 수 없는 한 부분을 차지하고 있다.

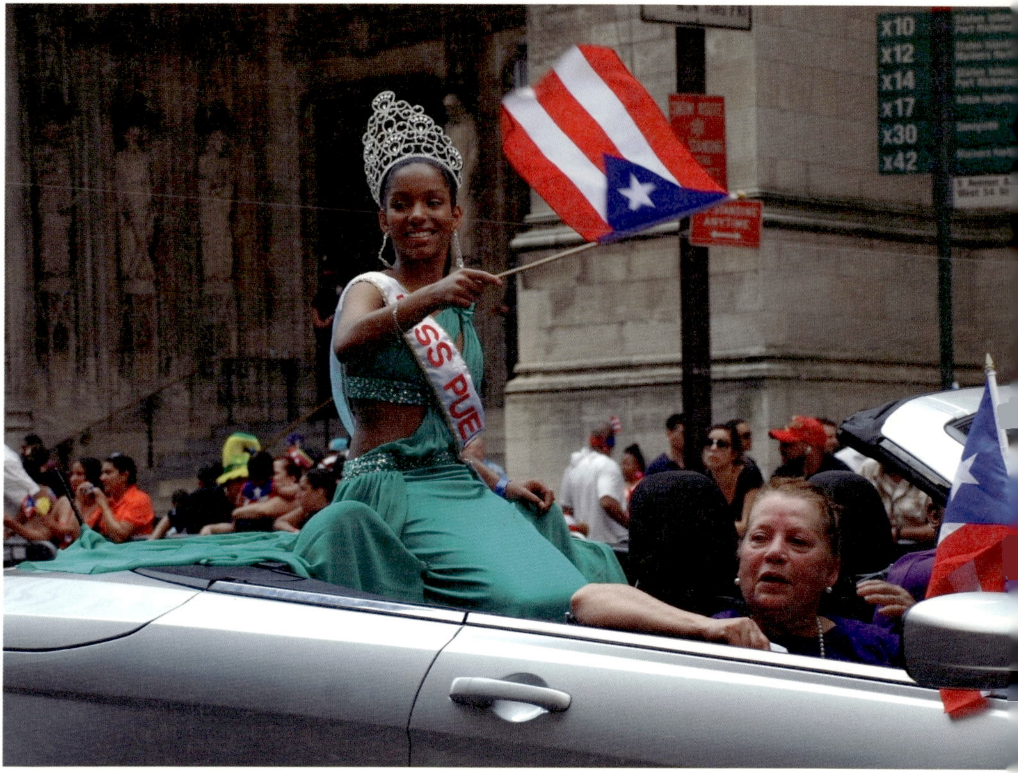
x10
x12
x14
x17
x30
x42
SS PUE

Catch the Flava
27

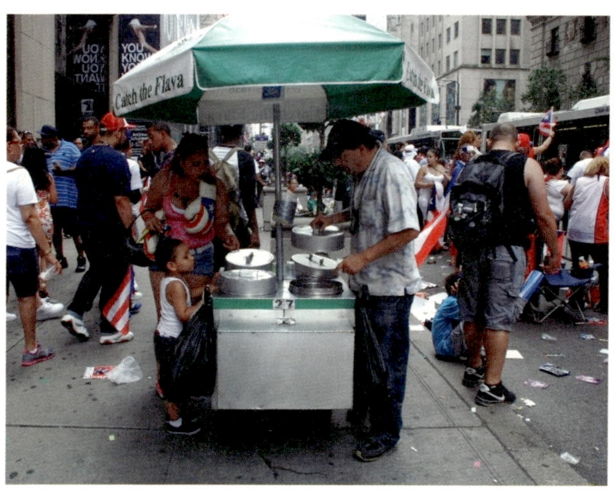

축제를 위해 5번가에 모이는 푸레르토리칸의 인파는 정말 엄청나다. 마치 이 미국 땅의 푸에르토리코 사람들이 모두 모여 있는 듯한 착각이 들 정도다. 또한 경적과 함성, 호루라기, 그리고 휘파람 소리가 귀에 요란하다. 그들은 무슨 행사가 있을 때마다 이런 소리를 내는 것 같다. 라티노들은 아주 요란스럽고 유쾌한 사람들이다.

푸에르토리코에는 미인들도 많다. 그들 중에는 이목구비가 백인들처럼 뚜렷하고 그을린 피부와 볼륨 있는 몸매를 가진 여자들이 많다. 행렬에는 왕관을 쓴 미녀들이 손을 흔들고 크게 소리내어 외치고 때로는 춤을 추면서 지나간다. 우리나라의 전형적인 다소곳한 이미지의 미인은 여기선 통하지 않는다. 이들은 용감하고 씩씩하게 자신의 미모를 뽐낸다. 그들은 마차 위의 스테이지에서 춤을 추면서 큰 목소리로 관중에게 답한다.

내가 브루클린에 살 때도 이웃에는 많은 푸에르토리코 사람들이 살았다. 그들의 집들은 항상 밝은 색의 페인트칠이 되어 있었다. 그들은 색채 감각도 뛰어났다. 페인트가 벗겨지면 덧바르고, 또 덧바르고, 마치 유화 캔버스에 물감으로 칠을 한 것 같다. 푸에르토리코에 휴가차 여행을 갔을 때 산후안의 올드타운의 집들은 경쾌한 색이 칠해져 있었는데 배경인 캐리비언의 바다 색과 그림처럼 잘 어울렸다. 우리나라 사람들의 색채가 정적이고 고요하다면, 푸에르토리코 사람들의 색채는 용감하고 화사하다. 이 5번가의 거리는 그들이 쏟아 내는 함성과 열정으로 가득 찼다. 난 한 순간 거리가 마치 캐리비언의 한가운데인 것처럼 느껴졌다.

중남미에는 수많은 나라가 있고 그들은 사실 비슷해 보이면서도 조금씩 다르다. 퍼레이드가 열리는 날에는 곳곳에 많은 콘서트와 문화 행사들이 열린다. 이런 날은 돌아다니면서 그 나라의 음식을 맛보는 것도 재미있다. 가판대에는 간편한 푸에르토리칸 음식과 음료를 팔기도 한다. '렐레노스 드 파파Rellenos de Papa' 라는 음식은 꼭

고로케처럼 안에 쇠고기나 닭고기, 치즈를 잘게 썰어서 볶아 넣고 밀가루 피를 입혀서 튀겨 낸 것인데 사람들이 줄지어 사먹는다. 중남미 음식에는 특별한 향과 맛이 있다. 때때로 기름진 것도 있지만 대체적으로 맛이 좋다. 푸에르토리코의 음식은 그 나라의 역사처럼 여러 가지 다양한 문화를 섞어서 담고 있는 것 같다. 또 퍼레이드에는 우리나라 얼음빙수와 같은 것을 파는 가판대도 보인다. 이런 빙수 가판대는 내가 브루클린에 살 때도 자주 봤다. 우리나라 빙수는 팥과 우유와 미숫가루를 얼음 위에 얹는데, 푸에르토리코 빙수는 과일향과 색으로 얼음을 물들였다. 얼음 빙수의 색이 형형색색으로 알록달록하다.

센트럴파크의 멀리서도 이들의 음악과 함성이 울려 퍼졌다. 난 사실 이 구성진 라틴 음악이 좋다. 노래 속에는 끈끈함과 정열이 그리고 인간미가 묻어 있다. 중남미의 라틴 문화는 이들이 미국에 이주하여 살면서 자연스럽게 소개되었다. 중남미 음식은 이제 누구나 알고 즐기는 대중 음식이 되었고, 라틴 음악과 춤도 그렇게 전파되었다. 중남미 사람들은 춤과 노래를 좋아하는 낙천적인 성격이다. 이렇게 다양한 문화가 골고루 숨쉬는 도시 뉴욕은 하루도 조용하게 지나가는 날이 없다.

인어 퍼레이드-코니아일랜드

Mermaid Parade-Coney Island

언제 6월 21일 이후의 첫 번째 일요일(여름 계절 축제)

어디서 코니아일랜드 해변 길을 따라서

● ● ●

인어는 상체가 여성인 인간이고 꼬리 부분이 물고기인 전설적인 바다의 생명체를 말한다. 전설 속에 등장하는 인어는 유럽, 아프리카, 아시아를 포함해서 세계적으로 광범위하다. 인어는 때때로 홍수나 태풍, 배의 침몰, 그리고 익사를 부르는 위험한 존재로 묘사된다. 전통적으로 그들은 자비롭기도 하고 이익을 주기도 하는 존재이고, 때때로 사람과 사랑에 빠지기도 한다.

또한 인어는 그리스 신화의 사이렌Sirens과 사이레나Sirenia, 즉 바다표범과 같은 바다에 사는 포유 동물과 관계가 있다. 또 역사적으로는 선원이 수생 포유 동물을 잘못 보고 오해로 만들어진 존재일지도 모른다. 콜럼버스는 캐리비언 해를 탐험하면서 인

어를 보았다고 보고하였다. 그리고 요즈음도 캐나다, 이스라엘, 그리고 짐바브웨에서 인어를 보았다는 보고가 종종 있다. 하지만, 2012년에 미국 국립 해양 서비스National Ocean Service는 이 세상에 인어가 존재한다는 어떤 증거도 없다고 발표했다.

'인어' 라는 단어는 고대 영어에서 단순하게 바다라는 단어와 하녀, 여자 또는 젊은 여성이라는 단어를 합한 것이다. 고대 영어에서 이에 해당하는 용어는 머위프 merewif였다. 그들은 전형적으로 긴 머리를 늘어뜨린 아름다운 존재로 묘사된다. 그 들은 때로는 그리스 신화에 등장하는 '사이렌Siren' 이다. 그녀는 매혹적인 목소리로 선원들을 이끌어서 배를 섬의 바위에 난파시키는 반은 새이고 반은 인간인 팜므 파탈

famme fatale과 동일시된다.

최초로 알려진 인어 이야기는 기원전 천 년에 '앗시리아'에서 나타난다. 여신 '아타르가티스Atargatis'는 앗시리아 여왕 세미라미스Semiramis의 어머니이다. 그녀는 인간 목자를 사랑하고 실수로 그를 죽였다. 그녀는 이 일로 괴로워하다가 호수에 뛰어들어 물고기 모양으로 변했다. 하지만 그녀의 매혹적인 모습은 감추어지지 않았다. 그녀의 상반신은 인간의 모습으로, 하반신은 물고기의 모습이 되었다.

또 기원전 546년에 밀레투스Miletus의 철학자, '아낙시만더Anaximander'는 인류가 해양의 생물에서 발생된 것이라고 주장했다. 때로는 남을 속이기 위해 거짓으로 죽은 원숭이의 사체나 물고기를 접합해서 짓궂은 장난으로 인어가 발견되었다고 보고하는 사건들도 종종 있다. 인간과 동물의 변종인 이러한 형태의 생명체들은 인간이 자연과 연관되어 있음을 말해 준다.

코니아일랜드는 대서양에 있는 반도로, 뉴욕의 브루클린 남쪽에 위치한다. 이곳은 간헐적으로 바다가 드러난 외부 장벽 섬으로 이루어진 해안이지만, 부분적으로 매립하여 육지와 연결되어 있다.

코니아일랜드는 유명한 놀이공원 및 해변 휴양지로 알려져 있다. 20세기 초반에는 관광 명소로 절정에 달했으나 제2차 세계대전 몇 년 후에는 쇠퇴했다. 최근 몇 년 동안, 이 지역에서 MCU마이너리그 야구장 공원의 오프닝을 볼 수 있었으며, 마이너리그 야구 팀, 브루클린 사이클론Brooklyn Cyclones의 홈이었다.

이 지역은 반도의 서쪽에 6만 명의 주민들이 살고 있다. 서쪽으로 향하는 바다 입구는 브링톤 비치Brington Beach이고, 동쪽은 맨해튼 비치Manhattan Beach이다. 또 북쪽으로는 그라브센드Gravesend가 있다. 지리적으로 코니아일랜드는 브루클린 남쪽의 해안이다.

미국의 원주민 레나페Lenape 인디언은 이 섬을 나리오크Narrioch라고 불렀는데, 이 말은 '그림자가 없는 땅'을 뜻한다. 즉 하루 종일 햇볕이 남아 있는 곳을 의미한

Nathan's
This is the Original
OPEN ALL YEAR

다. 뉴욕 주와 뉴욕 시는 앞에서도 언급했듯이 네덜란드의 식민 정착지였다.

코니아일랜드의 이름 역시 코닌 엘란트Conyne Eylandt, 혹은 코나일네네일랜드 Konijneneiland의 네덜란드식 명칭이었지만, 이 이름은 영어와 비슷하게 코니아일랜드Coney Island라는 이름으로 변했다. 번역하면 '토끼섬Rabbit Island' 이라는 의미이다. 실제로 코니아일랜드에는 다양한 종류의 토끼들이 살고 있었다고 한다. 리조트가 개발되어 그들의 서식지가 제거되기 전까지, 이곳에서는 토끼 사냥이 빈번했다고 한다. 코니아일랜드는 네덜란드식 단어가 영어화되어 나타나면서 생긴 명칭이다. '코니' 라는 단어는 그 당시에 토끼를 의미하는 것으로 인기 있는 표현이었다. 그 이후에는 토끼를 표현하는 말로 '버니Bunny' 가 흔히 쓰여졌다.

코니아일랜드는 뉴욕 시 맨해튼을 비롯해 뉴욕의 다른 지역에서 찾아가기 쉬운 가까운 곳에 있어, 뉴요커들이 휴가를 즐기는 데 적절하다. 20세기에는 브루클린과 맨해튼을 잇는 증기 철도가 생기고, 브루클린 브리지가 생기면서 코니아일랜드는 뜨거운 여름을 피하기 위해 뉴욕 시에서 오는 당일 여행객들을 위한 피서지가 되었다.

1876년에는 회전목마가 온천장 단지에 설치되었다. 1885년에서 1896년까지 이곳

에는 '코니아일랜드 엘리펀트Coney Island Elephant' 가 있었는데, 이 코끼리 상은 뉴욕에 도착한 이민자들이 자유의 여신상도 보기 전에 그들을 처음 맞이하는 뉴욕의 랜드마크였다고 한다. 코니아일랜드의 '나단의 유명한 오리지널 핫도그 스탠드Nathan's Famous Hotdog Stand' 는 1916년에 오픈했다. 그리고 이 핫도그는 곧 이 지역의 특산품이 되었다. 나단의 핫도그 먹기 대회는 나단 핫도그가 오픈한 이후, 매년 7월 4일에 개최된다.

제2차 세계대전 이후, 여러 가지 압박으로 코니아일랜드는 심각한 불황이 시작되었다. 게다가 극장과 가정의 에어컨, 자동차의 발달로 코니아일랜드는 점점 더 한산해지고, 사람들은 롱아일랜드 국립공원, 특히 존스 비치로 향했다. 더욱이 코니아일랜드 비치, 루나 파크Luna Park는 1946년에 큰 화재로 문을 닫았다. 그리고 1950년대에는 거리를 배회하는 갱들이 아일랜드에 새로운 문제로 대두되었다. 그래서 코니아일랜드의 개발은 오랫동안 논란이 되었다.

1944년, 도시 계획가 로버트 모세Robert Moses는 적극적으로 코니아일랜드에 새로운 오락 시설을 건축하는 계획을 중지시키고, 서민들을 위한 주거 공간을 확보하기 위해서 오락 시설을 철거할 계획을 발표하였다.

1964년, 코니아일랜드에 마지막 남은 대형 테마 공원과 경마 공원이 폐쇄된 후 개발자 프레드 트럼프Fred Trump에게 판매되었다. 트럼프는 이전 장애물 경마 공원 부지에 중산층들을 위한 고급 아파트를 건설하고 싶어했고, 이 건물들이 저소득층의 주택 지역을 대체하기를 바랐다.

1994년, 루디 줄리아니가 뉴욕 시장이 되자 이 지역에 스포츠 단지를 건설하는 계획을 지원했다. 2003년 마이클 블룸버그 뉴욕 시장은 2012년에 올림픽 개최에 대한 가능성을 두고 코니아일랜드의 활성화에 관심을 가졌다. 뉴욕 시가 올림픽에 대한 개최권을 잃었을 때, 코니아일랜드의 활성화 계획 대신에 리조트를 복원하는 계획을 내놓았다. 2005년 9월 코니아일랜드는 새로운 놀이기구와 고급 호텔 리조트를 건설할 계획을 공개했다. 이 계획안이 발표되었을 때 이 지역의 많은 사업자들은 그들의 사업장들이 강제로 철거될 것을 우려했다. 이 계획안에는 코니아일랜드에 있는 20세기 초기에 건설된 대표적인 건물을 철거한다는 것이 포함되었다. 하지만 시위대들의 항의와 함께 2009년 6월 도시 계획 위원회는 일반 주택에 대한 건설을 승인하고 모두가 사랑하는 놀이기구를 보존하겠다는 계획을 발표했다.

2000년 인구 조사에 의하면 코니아일랜드에는 약 5만 명의 인구가 살고 있었다. 그 사람들의 약 50퍼센트는 백인이고, 그 밖에 흑인, 히스패닉, 아시아인, 아메리칸 인디언 등이 살고 있다. 이 근처에는 러시아계 미국인들의 공동체가 발달되어 있다.

1880년대에서 제2차 세계대전까지 코니아일랜드는 연간 수백 만명의 방문자를 유치한 미국에서 가장 큰 놀이공원이었다. '애스트로랜드Astroland'는 1962년부터 2008년까지 중요한 놀이공원이었고, '드림랜드Dreamland'는 2010년 '루나 파크Luna Park'로 대체되었다. 또 다른 명소로는 '드노의 원더 휠 놀이공원Deno's Wonder Wheel Amusement Park'이 있다.

그 밖에도 실내 범퍼카, 어린이들을 위한 키디Kiddie 공원 등이 있고, 12번가에 있는 '지퍼와 스파이더Zipper & Spider' 같은 놀이기구는 2007년에 영구적으로 해체되고, 중미의 온두라스에서 재조립되었다.

뉴욕 시는 코니아일랜드의 특색 있는 놀이기구 세 가지를 문화 유적으로 지정했다. 하나는 1918년에 지어진 '원더 휠Wonder wheel', 그리고 1927년에 지어진 '사이클론The Cyclone'이라고 불리우는 롤러코스터, 마지막으로 '파라슈트 점프Parachute Jump낙하산 점프'가 있다. 이 낙하산 점프는 1968년에 폐쇄되어서 문화 유적으로 지정되었는데, '브루클린의 에펠탑'으로 불리기도 했다. 그 밖에도 회전 목마, 범퍼카, 유령의 집 같은 명소들이 있다.

코니아일랜드는 웨스트 37번가에서부터 브링턴 비치와 맨해턴 비치까지 광범위한 모래밭이 펼쳐져 있다. 그 길이는 4킬로미터에 이른다. 이 모래밭에는 나

PAUL'S DAUGHTER
CLAM
BAR
West 10th Street

WONDER WHEEL
AMUSEMENT PARK
WONDER WHEEL

무로 만들어진 산책로가 있어 모래에 빠지지 않고도 해변을 걸을 수 있다. 이 산책로를 따라서 수족관과 음식점, 상점들이 들어서 있다.

이 해변은 정기적으로 가꾸어지고 정비되는데, 일반인들 모두에게 열려 있고 하루 종일 햇볕이 가득하고 여러 가지 행사가 열린다.

코니아일랜드 인어 퍼레이드Coney Island Mermaid Parade는 코니아일랜드에서 여름이 시작됐음을 알리는 가장 큰 행사이다. 퍼레이드는 서프 애비뉴Surf Avenue 위에서 펼쳐지는데, '코니아일랜드 USA'에 의해 매해 개최되고 있다. 이 비영리 예술 기관은 미국의 대중문화를 위해 1979년에 설립되었다.

뿐만 아니라 코니아일랜드 USA는 '코니아일랜드 필름 페스티벌'을 후원하고 있다. 이 행사는 2000년 이후 매년 10월에 개최되고 있다. 또 할로윈 테마의 이벤트가 있다. 그 밖에도 크고 작은 수많은 행사들이 코니아일랜드에서 열리고 있고, 많은 문학 작품과 영화의 배경이 되고 있다.

2012년, 허리케인 '샌디Sandy'는 아일랜드의 놀이공원과 이 지역의 비지니스에 심각한 피해를 입혔다. 하지만 나단의 핫도그 먹기 대회는 평소처럼 열렸다. 그만큼 코니아일랜드에서 나단 핫도그는 뉴요커들에게 추억과 사랑이 깃든 음식이다. 여름 성수기에 이 집에서 핫도그를 먹으려면 줄을 서는 수고는 해야 한다.

코니아일랜드의 인어 퍼레이드는 매년 6월 중순에 열리는데, 활기 넘치는 생생한 바다를 테마로 하며 모든 사람들에게 열려 있다. 코니아일랜드 인어 퍼레이드의 전통은 1983년에 시작되었고, 이는 딕 지건Dick Zigun에 의해 보다 조직적으로 운영되었다. 그는 때때로 '코니아일랜드의 비공식적 시장'이라고 불리며, 무슨 문제라도 터지면 코니아일랜드의 주민의 편에서 대변해 왔다. 그리고 그와 동료들은 비영리 예술 그룹 '코니아일랜드USA'를 설립하였다.

인어 퍼레이드는 뉴욕의 여름 시즌의 시작을 축하하기 위해 열린다. 그래서 날씨에 상관없이 전통적으로 여름이 시작되는 토요일에 열린다.

인어 퍼레이드는 '20세기 초기의 마르디 그라스Mardi Gras 퍼레이드' 를 표현한 것이었다. 그 당시 코니아일랜드는 뉴욕 지역에서의 첫 번째 위락 시설 공원이었다. 빌리지의 할로윈 퍼레이드처럼 규모가 큰 인어 퍼레이드는 '마르디 그라스' 의 예술성을 표현한 것이었다.

'마르디 그라스Mardi Gras' 는 영어로 '카니발 시즌' 을 말한다. 프랑스에서는 '재의 수요일' 이 오기 바로 전날인 화요일에 거행되는 축제이다. 카니발은 원래 겨울 동안 계속되는데, 재의 수요일 전날 절정을 이룬다. 마르디 그라스는 재의 수요일이 시작되기 전 사순절 시즌의 금식을 견디기 위해 기름진 음식을 풍부하게 먹으며 한바탕 잔치를 벌이는 것을 말한다. 때때로 마르디 그라스는 '참회의 화요일' 이라고도 하고, '기름진 화요일' 이라고 말하기도 한다.

코니아일랜드의 인어 퍼레이드는 때때로 수천 명의 참가자를 동원하고, 수십만 명의 관람자들을 불러모은다. 도시의 사람들은 여름이 시작되는 것을 즐겁게 맞이하고 점점 뜨거워지는 날씨를 벗어나기 위해 코니아일랜드로 모인다.

인어 퍼레이드는 특이한 해양 동물의 의상으로 잘 알려져 있다. 그리고 때때로 과하게 알몸을 드러내는 것으로도 유명하다. 그러나 이날은 적당한 누드에 대해 합법적으로 허가를 받았으므로, 여자들이 공공장소에서 상반신을 노출하는 것이 그다지 놀랄 일은 아니다. 또한 높은 수위의 노출이 있음에도 불구하고, 퍼레이드는 아주 가족적인 성격의 이벤트이다. 때로는 여자아이들의 생일 잔치가 퍼레이드의 한 부분이 되기도 하는데, 그런 일은 꽤 일반적이다. 퍼레이드에는 온갖 종류의 가장행렬 차량과 그룹 또는 개개인이 치장을 하고 참가하기도 한다. 퍼레이드에 참가한 모든 사람들은 인어와 온갖 종류의 바다 생명체들로 변장하고, 거대한 모형의 장식들이 떠다니고, 관객들은 축제의 분위기에 휩싸인다. 매년 인어 퍼레이드에서는 마치 카니발에서 카니발 왕을 뽑는 것처럼, 인어와 인어 왕과 왕비가 등장한다.

퍼레이드의 조직은 사람들에게 기부를 장려하고, 모아진 기금으로 참가자들을 대상으로 다양한 의상 콘테스트를 실시한다. 뉴욕의 인어 퍼레이드는 네덜란드, ‘하쿠 The Haque’ 에서의 ‘지미어민넨 퍼레이드Zeemeerminnen Parade’ 에 영향을 주었다.

이 퍼레이드는 2010년에 네덜란드에서 조직된 인어 퍼레이드이다.

인어 퍼레이드는 미국 전역의 해변에서 열리는 퍼레이드 중 가장 큰 예술 퍼레이드로 뉴욕의 5개 자치시로부터 온 1천 5백 명의 참가자들이 놀라운 예술 작품을 선보인다. 또한 이것은 기업가 정신과 공동체의 긍지를 보여주는 행사이기도 하다.

퍼레이드는 주민들의 생활에 신화와 동화를 불러오게 만들었다. 그리고 낡은 놀이동산이 있는 보잘것없는 도시로 치부된 코니아일랜드 지역에 자부심을 심어 주었다. 뉴욕의 예술가들이 자기 자신을 공공장소에서 표현할 기회도 주었다.

다른 퍼레이드와는 달리 이 퍼레이드는 공동체적인 결속의 성격이 없다. 퍼레이드는 예술가들에 의해 발명되어 여름을 축하하는 미국 버전의 축제이다. 서아프리카의 물 축제와 고대 그리스와 로마의 거리 극장처럼, 특정한 지역에 대한 자부심을 가지고 만들어진 축제이다. 예술가들은 개개인의 아이디어를 가지고 자신을 표현한다. 이러한 것이 뉴욕이 여름을 맞이하는 모습인 것이다.

여름이 되면 이곳은 많은 사람들로 북적댄다. 바다에서 해수욕을 할 수 있는 것은 물론이고, 온갖 놀이기구며 사격놀이장이며 미래 운을 말해 주는 기계, 그리고 서커스장, 마술쇼, 유령의 집 등 너무나 많은 구경거리가 있다. 이곳에 들어서면 그 옛날의 아련한 추억을 떠오르게 하는 듯한 묘한 기분이 든다. 동전을 넣고 미래를 알려 달라고 단추를 누르면 자신의 미래가 적힌 돌돌 말아진 종이가 나온다든지, 아니면 동전을 넣고 소원을 말하면 소원이 이루어질 거라는 답이 나온다든지 하는, 영화에서나 보았을 뻔한 장면들을 볼 수 있다.

인형을 줄지어 놓고 사격을 하여 맞힌 인형을 선물로 주는 사격놀이, 또한 험상궂은 얼굴로 과장된 팔뚝이 툭 나와 있어서 팔씨름을 할 수 있는 팔씨름 기계 등과 같이 조금은 낙후되어 보이는 조잡한 놀이기구들은 과거의 향수를 불러일으킨다.

또 구경거리만큼 먹을거리도 많다. 우선 이곳의 명물인 나단 핫도그, 대부분 작은 종이 접시에 담겨진 새우 튀김, 삶은 옥수수, 아이스크림, 솜사탕과 같은 것들이다. 이런 것들은 코니아일랜드에 와서 한번쯤 경험해 봐야 하는 저렴한 먹을거리들이다. 한국의 거리 음식처럼 추억이 곁들어진 음식 정도로 생각하면 된다.

코니아일랜드의 바다는 산호색으로 빛나는 맑은 바다는 아니다. 그 옛날 사람들의 발길이 많이 없었을 때 초창기 시절의 그 고급스러움은 사라진 지 오래되었다. 하지만 지금은 지하철이 연결되어 도시에서 탈출해서 바다가 보고싶을 때에는 언제라도 쉽게 가볼 수 있다. 개구쟁이들은 얕은 물에 들어가 물장구를 치고, 모래성을 쌓고, 젊은이들은 모래밭에 누워서 선텐을 한다. 젊은이들은 대부분 적당히 볕에 그을린 피부를 가졌다. 그들은 그 수많은 인파 속에서 꿋꿋하게 누워서 태닝을 하는데 그 사이로 간단한 먹을거리와 음료수를 파는 장사꾼들도 지나다닌다.

이곳에서는 철깡통에 페인트로 칠을 해놓은 쓰레기통조차 아주 예술적이다. 사람들로 넘쳐나는 왁자지껄한 거리를 걷고 놀이기구를 타고 총천연색으로 페인트된 간판들을 구경하는 것으로도 재미있는 일이다.

GLBT 프라이드 퍼레이드

GLBT(Gay, Lesbian, Bisexual and Trans Gender) Pride Parade

언제 6월의 마지막 일요일
어디서 5번가의 52가~8가까지 / 8가~크리스토퍼가까지 / 크리스토퍼가~7가까지

지금까지 은폐되거나 왜곡되어 왔던 동성애 문제는 요즘 가장 민감한 사안 중 하나로 떠올랐다. 하지만 어떤 성향을 기준으로 동성애자와 이성애자를 구분해야 하는지 그 기준은 아직도 모호하다. 아직도 동성애에 대한 많은 부정적인 시각 때문에 이들이 커밍아웃을 하는 데에는 큰 용기가 필요하다. 하지만 최근 동성애자들의 결혼을 허가하는 법이 발휘되면서 뉴욕은 그야말로 동성애자들의 천국이라 불릴 만큼 그들이 가장 자유롭게 살아갈 수 있는 도시가 되었다.

뉴욕은 여자들이 문화를 즐기고 소비하기 좋은 도시라서 여자 인구가 상대적으로 많은 데다가 게이 남성들이 많아서 매너 좋고 세련된 남자를 어쩌다 만난다고 하여도 게이일 가능성이 높다. 특히나 예술 분야에 탁월한 감성과 재능을 가진 사람들 중에는 게이들이 많다. 내 경험으로도 보통 아름답고, 재능이 많고, 친절한 사람들은 모두 게이였다.

뉴욕은 정신적으로 자유로운 도시이다. 남에게 해가 되지 않는 이상, 그 어떤 문화도 공개되고 허용되는 도시이다. 또한 누구에게도 관습을 강요하지 않는다.

근래에는 동성애나 그들의 인권을 다룬 영화들도 꽤 만들어지고 있다. 하지만 아직도 우리 사회 일부에서는 동성애를 바라보는 시선이 곱지 않은 것이 사실이다. 그래서 평생을 자신의 성 정체성 때문에 고민하고 괴로워하는 이들도 많다. '성'이라는 문제는 은밀하고 개인적인 부분이어서 그만큼 다루기가 민감한 부분이다. 그럼에도

이처럼 많은 동성애자들이 있다는 것은 아마도 동성애는 법이나 규율로 통제될 수 없는 인간의 자연스러운 하나의 모습이 아닌가 생각된다. 우리나라에서는 조금 생소하겠지만, 미국을 비롯한 서구 세계에서는 이들이 스스로 인권을 지키고 자신의 권리와 사회적인 적대에서 벗어나기 위한 수많은 노력들을 오래전부터 해왔다. 그러므로 이제는 동성애를 반대하고 비난하기만 할 때는 아니다. 오늘날은 사회의 한 구성원인 그들에 대한 이해와 함께 구체적인 노력으로 그들이 현실적으로 가지고 있는 어려움을 우리 모두가 함께 풀어야 할 시기인 것이다.

게이는 동성애자, 혹은 동성애적인 특성을 가진 사람을 지칭하는 말이다.

원래 '게이'라는 용어는 '걱정 근심이 없는', '행복한', 혹은 '밝고 화려함'을 뜻하는 말이었다. '게이'가 동성애를 지칭하는 용어로 사용된 것은 19세기 후반 정도부터로, 20세기에 들어와서 그 사용이 점차 확대되었다. 현대 영어에서, '게이'는 동사와 명사로 사람들, 특히나 남자들에게 있어 동성애와 관련한 관습과 문화를 일컫는 말이 되었다.

20세기 말까지, '게이'라는 말은 LGBTLesbian, Gay, Bisexual, Transe Gender 그룹과 스타일 가이드에 의해 동성에게 매력을 끌게 하는 사람들을 묘사하는 용어로 쓰이게 되었다. 동시에 젊은이들에게는 "댓 이즈 소 게이That is so gay"라는 표현처럼 경멸적인 또는 비웃는 의미로 사용되었다. 이 말은 동성애를 의미하지 않는다. 이 말은 오히려 추상적인 개념을 지칭하였다.

이 용어는 나약함과 사내답지 못한 것을 뜻하는 말이었다. 이런 방법으로 쓰이는 것이 확대되어서 동성애로 사용되어지는 것에 대해서는 여전히 논쟁이 되고 혹독하게 비판되고 있다.

17세기 말에는 게이라는 말은 부도덕함에 관계하여 쓰여지고, "쾌락과 방탕에 중독되다."라는 의미였다. 도덕적 구속과 인습에 방해받지 않는다는 뜻을 내포한 의미로 '근심 없는' 이라는 뜻으로 확장되었다. 또한 한때 '게이' 라는 단어는 창녀를 뜻하는 단어이기도 했다. 이것은 사회의 인습을 무시하고 또 존경받지 못한다는 성적인 의미를 암시한다. 게이의 경우, '경박스러운 드레스를 입은 경박스러운 이' 라는 의미로 쓰였던 적도 있다. 또한 퀴어Queer와 같은 '남을 깔보다' 는 뜻의 용어로 지칭되기도 하였다. 그 당시에는 동성애가 정신적인 질병으로 간주되었기 때문이다.

미국의 심리학 협회는 게이, 레즈비언, 양성애자, 그리고 이성애를 묘사하는 성적인 유형을 발표했다. 많은 연구들은 성의 개념에 대한 유전적인, 호르몬적인 개발, 성적인 사회·문화적인 영향을 검토했지만, 이성애·양성애·게이·레즈비언을 각각 명확하게 나누는 근거는 정확하지 않다.

1980년대 중반이 되면서 미국에선 게이와 레즈비언이라는 용어, 남자와 여자의 동성애 집단이 무엇인지 새로운 인식에 대한 노력이 시작되었다. 그리고 '게이', '레즈비언'이라는 전문용어를 사용하였다. 일부는 여전히 이런 구별을 무시하고, '게이'라는 용어를 사용하기도 한다. 어떤 이들은 LGBT 공동체를 그냥 '게이'로 부른다.

동성 결혼(또는 게이 결혼이라고도 함)은 두 사람의 같은 생물학적 또는 성적인 정체성 간 결혼을 말한다. 동성 결혼의 법적인 승인은 때때로 '동등한 결혼marriage equality'이라는 단어를 지칭하기도 한다.

동성 결혼을 인정하는 현대의 첫 번째 법은 21세기의 첫 10년 동안 제정되었다. 2013년 8월 기준으로, 15개국아르헨티나, 벨기에, 브라질, 캐나다, 덴마크, 프랑스, 아이슬란드, 네덜란드, 뉴질랜드, 노르웨이, 포르투갈, 스페인, 남아프리카공화국, 스웨덴, 우루과이과 멕시코와 미국의 일부에서는 동성 결혼이 인정된다.

동성 결혼의 인식은 정치·사회·인간의 권리와 시민의 권리뿐만 아니라 많은 국가와 세계 종교 문제이며, 동성 커플의 결혼을 허용할지 여부에 대한 논쟁은 계속되고 있다. 일부에서는 동성애는 법 앞에서 평등한 보편적인 인권 문제라고 말하고 있으며, 어떤 이들은 동성애를 과거에 흑인과 백인의 남녀 결혼을 금지했던 것과 동일하다고 말한다.

그리고 그들이 결혼과 함께 가정을 이루고 어떻게 아이를 가지고, 또 기를 수 있는지에 대한 자녀 출산과 양육에 대해서도 구체적으로 언급되고 있다. 동성 커플의 결혼이 법적으로 인정을 받을 때, 그 아이들에게도 사회적인 권익 보장도 논의되고 있다. 여러 가지 연구 조사는 동성애 부모가 이성애자 부모와 같은 역할을 할 수 있으

며, 그들이 키운 자녀가 이성애자 부모가 키운 아이들처럼 심리적으로 건강하다는 것을 보여준다는 사실을 뒷받침하고 있다. 그들이 아이를 갖는 방법에 대해서는 대리모나 입양과 같은 방법이 논의되고 있다. 사실 결혼이라는 것이 남성과 여성이 하는 것이라는 규정이 없다면 이러한 복잡한 문제는 일어나지 않는다.

　역사상 동성 결혼에 대한 언급은 초기 로마 제국 때부터 있었다는 기록이 있다. 또한 그리스와 로마 시대로부터 남겨져 있는 그림과 조각품에서는 동성애에 대한 많은 증거들이 있다.

동성 결혼은 미국 전체 연방 정부에서 인정되는 것은 아니지만, 2014년 2월 기준으로 17개 주캘리포니아, 코네티컷, 델라웨어, 하와이, 일리노이, 아이오와, 메인, 메릴랜드, 매사추세츠, 미네소타, 뉴햄프셔, 뉴저지, 뉴멕시코, 뉴욕, 로드아일랜드, 버몬트, 워싱턴와 워싱턴 D.C에서 동성 결혼을 인정하고 있고, 전국으로 확대되어 갈 것으로 예상된다.

오바마 대통령은 동성 커플이 합법적으로 결혼할 수 있도록 지원하는 법을 2012년 5월 9일에 발표했다. 동성 결혼에 대한 대중의 지원은 꾸준히 증가하는데, 여론 조사에 따르면 미국인들의 절반 이상이 동성 결혼을 지지하고 있는 것으로 나타났다.

세계 종교 단체들은 동성 결혼에 대한 견해들이 매우 다양하다. 로마 가톨릭 교회의 공식 입장은 동성 결혼을 반대한다. 동성 결혼에 대한 논쟁은 사회적인 관점뿐만 아니라, 대부분의 규칙 · 종교적 신념 · 경제적 문제 · 건강 관련 문제 및 기타 문제에 따라 다양하게 열띤 토론이 벌어지고 있다. 따라 동성애를 찬성하는 사람들뿐만 아니라, 반대하는 사람들도 단체를 만들고, 동성 결혼을 반대하는 출판물을 간행하기도

30 YEARS TOGETHER
11 MONTHS MARRIED
4-EVER Grateful
2 Gov Cuomo and NY's MARRIAGE RIGHTS
Congratulations, New York!
THANK YOU GOVERNOR CUOMO
JO-ANN & MARY JO
JULY 24, 2011
Family, Finally Les
hicken & Burgers
EMPIRE STATE PRIDE AGENDA
EQUAL PROTECTIONS FOR TRANSGENDER NEW YORKERS
TRANSGENDER EQUALITY & JUSTICE NOW!
STRAIGHT NEW YORKER For LGBT EQUALITY & JUSTICE

green
chimneys
LGBTQ Youth Programs

한다. 요즘처럼 동성 결혼이 합법적으로 가고 있는 시점에서도 밤거리에서 게이들이 폭행당하는 일이 종종 일어나고 있다.

미국의 게이 운동을 이야기하기 위해서는 스톤월 인Stonewall Inn에 대해서 이야기하지 않을 수 없다. 스톤월 인은 게이들이 다니던 선술집이었고, 레스토랑이었으며, 게이 해방 운동으로 이어지는 가장 중요한 사건이 일어난 폭동지이기도 하다. 1969년에 폐쇄된 원래의 스톤월 인은 맨해튼의 그리니치 빌리지Greenwich Village의 웨스트 4번가와 웨이버리 플레이스Waverly Place 사이 51~53 크리스토퍼가Christopher St.에 위치한다. 1990년에 '스톤월 인' 바의 서쪽 절반 53 크리스토퍼가에 다시 문을 열었고, 이를 개조하여 2007년에 원래 이름 '스톤월 인'을 다시 찾았다. 그리고 2000년에는 이곳이 역사적인 상징물로 지정되었다.

원래 이곳은 1843과 1846년 사이에 마구간으로 지어졌고, 1930년에 레스토랑으로 개조되었다가 1960년 중반에 화재로 소실되었다. 스톤월 인은 1967년 3월 18일 문을 열었는데, 그 당시에는 규모가 제일 큰 게이바로 성업 중이었다. 그러나 이곳 대부분

의 동성애자 클럽과 마찬가지로 경찰의 습격을 받았다. 이 사건이 바로 그 유명한 1969년 6월 28일에 있었던 '스톤월 항쟁Stonewall Riot' 이다. 이곳에 모여 있던 게이들은 강력하게 저항했고, 몇 달이 지난 1969년 말쯤에 스톤월 인은 문을 닫았다.

1969년 6월 28일 뉴욕에서 벌어진 스톤월 항쟁은 오늘날 미국과 전 세계 LGBT들의 삶에 중요한 영향을 미쳤다. 1960년대 후반까지도 미국의 동성애자들은 공공연한 탄압에 시달렸다. 동성애는 비정상이나 정신병으로 취급받고 그들의 만남은 대부분의 지역에서 불법이었다. 수많은 동성애자들이 정신병원에 강제로 보내지는 등 비인간적인 대우가 이어졌다. 동성애자라는 사실이 밝혀지거나 의심받은 사람들은 직장에서 해고되었고, 풍기문란 혐의 등으로 체포되었다. 신문에는 체포된 동성애자들의 명단이 실리는 일이 비일비재했다. 그래서 대부분의 동성애자들이 수치심 속에서 자신의 성 정체성을 감추고 살 수밖에 없었다.

게이바나 동성애자들이 모이는 술집은 그들이 친구를 사귀고 애인을 만날 수 있는 거의 유일한 장소였다. 대부분의 음식점들이 동성애자들의 출입을 금지시켰고, 이를 이용해 대부분 마피아였던 게이바 주인들은 폭리를 취했다. 마피아들은 경찰들과 유착되어 있었고, 단속을 피하기 위해 상납을 했다. 하지만 경찰들은 불시에 게이바를 습격해서 단속을 벌이고 손님들을 잡아가곤 했다.

1969년 6월 28일 새벽에도 경찰이 '스톤월 인'의 기습 단속에 나서 손님들과 종업원들을 체포했다. '스톤월 인'은 주로 가난한 유색 인종 동성애자들, 집에서 쫓겨난 젊은 동성애자들과 드랙퀸Drag Queen여장 남자들과 같은 오갈 데 없는 사람들이 모이던 곳이었다.

그런데 이날은 여느 때와 달랐다. 평상시에는 유약하게 보이던 이들도 거칠게 반항했다. 이들은 체포 과정에서 격렬히 저항했고, 그 광경을 지켜보던 거리의 동성애자들과 드랙퀸들은 경찰에 야유를 퍼붓고 동전과 술병들을 던지기 시작했다. 경찰의 괴롭힘과 천대에 시달리던 동성애자들은 분노를 터뜨렸다. 급기야 시위 진압 부대까지 출동했다. 그러나 저항은 쉽게 사그라들지 않고 그 소요가 나흘 낮밤 지속됐다.

스톤월 항쟁은 저항과 반란이 전 세계를 휩쓸던 시기에 벌어졌다. 1960년대 후반 미국에서는 민권 운동, 반전 운동, 여성 운동 등이 일어났다. 흑인들은 여러 도시에서 반란을 일으키며 불의와 천대에 저항했다. 많은 동성애자들이 민권 운동과 반전 운동, 여성 운동 등, 여러 인권 운동들을 지켜보며 자신들도 차별적인 사회에 맞서 싸워야 한다고 생각하기 시작했다.

1960년대 중반 동성애자 운동은 '게이 자유 운동Gay Liberation Movement', '게이 파워Gay Power' 등의 구호를 쓰기 시작했다. 조금씩 전진하던 동성애자들의 운동이 사회 전반의 반란 분위기와 결합되어 분출된 것이다.

스톤월 항쟁은 이를 테면 동성애자들의 집단적 '커밍아웃'이었다. 동성애자들은 자신들의 존재를 보여줬을 뿐 아니라, 그들이 받는 차별에 저항을 하겠다는 의지를

보여준 것이다. 또 스톤월 항쟁은 단발적인 사건으로 그치지 않고 전투적 분위기를 나타내는 새로운 운동으로 연결됐다. 새로운 활동가들은 기성사회에 편입하는 것이 아니라 세상을 혁명적으로 바꾸길 원했고, 성 해방을 외쳤다. 스톤월 항쟁 이후에 생겨난 동성애자 단체들은 스스로를 급진적 사회 운동의 일부로 생각했다.

새로운 동성애자 운동은 자신의 가족과 친구를 비롯해 사회 전체에 자신의 정체성을 알리는 '커밍아웃'을 중요한 의제로 삼았다. 동성애자들은 커밍아웃을 통해 숨기려고만 했던 그들의 정체성에 대한 자긍심과 존엄성을 되찾고자 했다. 스톤월 항쟁 이듬해인 1970년부터 시작된 기념 행진은 오늘날 전 세계에서 벌어지는 '동성애자 프라이드 행진'의 모태가 됐다.

동성애자 운동의 성과로 오늘날에는 동성애가 정신질환 목록에서 삭제됐고, 여러 나라에서 차별 금지가 법적으로 명문화되었다. 일부 국가에서는 동성 결혼이 합법화됐고, 동성 부부도 아이를 입양하거나 자녀를 양육할 수 있다. 사회는 점점 더 세상에는 다양한 성이 존재한다는 인식이 확산됐다. 동성애자임을 밝히는 유명인들도 점점

더 늘어나고 있다.

'자유의 깃발Freedom Flag'로 가장 많이 알려진 레인보우 깃발은 레즈비언, 게이, 바이섹슈얼, 트랜스젠더의 프라이드를 상징하고 있다. 무지개색은 게이 커뮤니티의 다양성을 상징한다. 깃발은 게이 프라이드 이벤트와 게이 빌리지에서 널리 사용된다. 이 다양한 무지개의 빛깔은 글씨체와 의복과 장신구에 많이 활용되었다.

매년 펼쳐지는 게이 프라이드 퍼레이드는 5번가를 따라서 내려오다가 그리니치 빌리지에서 끝이 난다. 이 행렬은 크리스토퍼가에 있는 스톤월 인을 지난다. 뉴욕에서의 첫 번째 게이 프라이드 행렬은 1970년에 있었다. 이 행렬은 LGBT 커뮤니티를 위한 인권 운동이었고, 그래서 퍼레이드라고 불리지 않고 행진이라고 불렸다.

1984년 이후에, HOPHeritage of Pride는 뉴욕 시의 프라이드 이벤트의 프로듀서이자 주최자가 되었다. 퍼레이드의 주최자인 HOP는 전적으로 자체적인 차원으로 이루어진다. 이 기관은 스톤월 혁명을 기념하고, 레즈비언, 게이, 바이섹슈얼, 그리고 트랜스젠더를 위해 만들어진 비영리 단체이다. HOP는 연령, 신조, 성, 성의 정체성, 인

간 면역결핍 바이러스 유무 상태, 출신국, 정신 혹은 지적인 발달, 인종이나 종교를 구별하지 않고 모두에게 문을 열고 환영하고 있다. LGBT 프라이드 행진은 매해 열리고 뉴욕에서는 퍼레이드로 지칭되고 있다. 프라이드 위크Pride Week에는 퍼레이드 외에도 다양한 행사들이 곳곳에서 열린다.

그리니치는 퍼레이드의 종착 지점이다. 보통 프라이드 위크에는 이 근방의 카페와 레스토랑에서 특별 메뉴와 이벤트를 준비한다. 그리니치 빌리지의 따사로운 햇살에 레스토랑 외부에 내놓은 테이블에 앉아 브런치를 먹으면서 퍼레이드가 오길 기다리는 것도 좋다. 그리니치 빌리지는 아기자기한 카페들이 즐비하다. 지금은 예술가들이 모두 브루클린으로 이사갔지만, 1960년대와 1970년대에는 그리니치에 예술가들이 모여 살고 있는 동네였다. 그래서 그리니치 빌리지는 가는 곳곳마다 분위기가 자유롭고 예술적인 이미지가 풍긴다.

뉴욕 시의 게이 퍼레이드는 이제 운동으로서의 의미도 있지만, 볼거리가 많은 이벤트로서, 관광 자원으로서의 의미가 더 크다. 워낙 볼거리가 많은 유명한 퍼레이드라서 일반 관광객들도 많이 찾는다. 퍼레이드가 열리는 날은 거리마다 댄스 파티가 열리는 것 같은 분위기이다.

웃통을 벗어던지고 가슴을 드러낸 레즈비언들의 오토바이 행진, 화려한 여자 변장

을 한 남자들, 무지개 깃발과 풍선 행렬, 건물 옥상에서 뿌려지는 색종이들, 동등한 권리를 주장하는 동성애자들의 행렬들이 지나간다. 그들 모두는 자신의 '성'에 자부심을 표현한다. 그들은 몸의 노출도 서슴지 않는데, 성이란 부끄럽고 감추어야 하는 것이 아니라 자연스럽게 드러내 놓아야 한다는 것을 보여준다. 인간은 생각과 사고에 의해서 행동하고 살아갈 것 같지만, 의외로 습관에 의해 살아가는 경우가 더 많다. 습관이 굳어지면 하나의 관습이 된다. 우린 얼마나 사회가 제시한 잣대와 관습에 의해서 살아가는가. 우리는 어쩌면 우리 스스로가 만들어 놓은 법과 관습을 아무런 생각이나 저항 없이 정해진 규율에 맞추어서 살아가는지도 모른다.

우리 스스로의 편의를 위하여 만들어 놓은 법과 관습이 어떤 사람들에게는 가혹할 수도 있다. 우린 그 규율 때문에 고통스러워하는 소수를 위해 조금 달리 생각해 줄 여유는 없는 것일까. 대다수가 원하지 않고 생각이 다르다고 무조건 질타해야 하는 것일까. 이 세상에 살고 있는 모든 사람들은 최소한의 행복을 동등하게 누릴 권리가 있다. 남들이 평범하게 누리는 작은 행복을 찾기 위해 몸부림치는 그들의 용기에 가슴이 뭉클해진다.

적어도 이날의 퍼레이드는 우리가 믿고 있는 '성'과 '성 정체성'에 대해서 한번쯤은 생각하게 한다.

독립기념일 불꽃놀이 축제

July 4th Macy's Independence Day Firework

언제 7월 4일 오후 9시 정도

어디서 때때로 이스트 강East River, 또는 허드슨 강hudson River에서

영국으로부터 독립을 이루기 전, 미국 땅에는 경제적인 부와 종교적인 자유를 찾아, 또는 자신의 꿈을 이루기 위해 영국을 떠나온 이들이 있었다. 이들에 의해 북미 대서양 연안에는 13개 식민지가 건설되었다. 식민지는 유럽과의 교역을 통해 점점 성장해 갔고, 인구도 늘어나기 시작했다. 그러자 17세기 말 영국, 프랑스, 네덜란드, 스페인이 저마다 식민지의 소유권을 주장하고 나서서 작은 다툼이 끊이지 않았다. 그 크고 작은 싸움은 영국과 프랑스의 싸움으로 좁혀졌다. 원주민 입장에서는 두 나라 다 침략자이기는 마찬가지였으나 미국 땅에 있던 두 나라 군대는 서로 기습 공격을 주고 받으며 싸웠다.

영국은 프랑스와 전쟁을 치르느라 짊어진 빚을 갚으려고 높은 세금을 매겨야 했다. 이미 영국 국민들이 부담하는 세금은 감당하기 힘들 정도였다. 그래서 영국 의회는 식민지에 관세를 비롯한 많은 세금을 매겼다. 그 사이 미국에 살고 있는 식민지인들은 서서히 미국인으로서의 정체성이 싹트기 시작했다. 세금을 부담하게 된 식민지인들은 분노하기 시작했고, 독립 투쟁을 도모하기 시작했다.

식민지인들은 드디어 식민지 독립 깃발 아래 하나가 되어 전쟁을 시작했다. 세계 최강국인 영국을 상대로 한 절대적으로 불리한 전쟁이었지만, 그들은 서로 단결하였고 승리를 이루었다. 미국이라는 나라가 탄생한 것이다. 역사상 최초로 근대적인 의미의 민주 공화국이 등장하는 순간이었다.

미국인들은 이상적으로만 상상하던 국가의 모습을 하나하나 구체적으로 만들어 나가기 시작하였다. 그들이 생각하던 국민이 주인이 되어 만들어진 공화국의 모습으로 법과 제도를 구체화시켰다. 그것은 바로 국민이 주인이 되는 공화국, 견제와 균형의 원리에 의해 만들어진 정부였고, 미국이라는 국가의 성립은 단순한 독립이 아니라 혁명이었다.

1776년 7월 4일, 미국은 독립선언서를 발표함으로써 그들의 독립을 만천하에 선언했다. 미국은 이날을 기념하여 해마다 7월 4일을 독립기념일로 축하하고 있다. 미국의 독립선언서는 프랑스 인권 선언서와 함께 근대 민주 발전에 가장 큰 영향을 끼친 문서로 평가받는다. 왜냐하면 그 안에는 인간의 기본권, 자유와 평등, 인민의 동의에

기초한 정부의 수립, 인민의 의사를 무시한 정권을 뒤엎을 수 있는 혁명권 등을 분명히 밝혀, 그들이 건설할 새로운 사회 새로운 국가에 대한 희망과 기본 원칙을 담았다. 그런 의미에서 미국이라는 연합 국가의 출발은 유래가 없던 새로운 국가의 형태이고, 이들의 독립선언서는 '인류 최초의 인권 선언' 이라는 평가를 듣기도 한다.

13개의 식민지 미국인들은 힘을 모아 영국에 맞서 함께 싸우기는 했지만, 애초에 그들 모두에게 통일된 나라라는 인식은 없었다. 이들 주는 각자의 경계선이 있었고, 각자의 헌법을 가지고 있는 각각 분리된 나라들이었다. 하지만 전쟁을 통하여 단결하게 되고, 이들 13개의 나라는 '연합 헌장' 을 채택하면서 13개 주로 이루어진 연합 국가를 결성했다. 그리고 그들이 만든 새로운 연합 국가의 정식 명칭을 미국The United State of America이라고 결정했다. 13개의 개별적인 국가들이 합쳐져서 미국이라는 하나의 연합 국가에 속한 것이다.

새로이 탄생한 연합 국가는 여전히 미국에 세력을 뻗치고 있는 영국, 스페인 등 유럽 강국들의 위협으로부터 스스로를 지키기 위해서 13개의 신생 공화국보다는 이들

을 묶어 줄 강력한 중앙 정부를 필요로 했다. 여러 가지 주장과 서로의 이해가 엇갈렸지만, 각 주 대표들이 가지고 있던 공통적인 생각은, 막강한 정부가 필요하고 정부는 권력을 가지고 있어야 하지만, 그 권력은 반드시 연합된 주들에 의해 제한되고 감시받아야 한다는 것이었다. 이렇게 힘의 견제와 균형의 원리에 의해 권력을 분산하고 서로 영향을 주고 받는 것이 미국 정치 제도의 기본 원칙이었다.

어떻게 생각해 보면 미국의 헌법은 인류가 수천 년 동안 꿈꾸어 온 이상을 노력에 의해 이룬 정치 발전의 결과물이었다. 수많은 사상가들의 빛나는 이성에 의해 인간의 인권, 자유와 권리의 발전 과정을 담은 것이었다. 물론 그 당시의 헌법은 아직 완전하지 않았다. 국민은 평등하다는 조항에 맞지 않게 여성과 흑인들은 투표할 권리가 없었다. 새로운 헌법에 따라 총 선거가 실시된 것은 1776년 7월 4일에서 12년이나 지난 1789년 1월이었고, 조지 워싱턴이 초대 대통령으로 당선되었다.

1776년 7월 2일, 영국으로부터 13개의 식민지가 정식으로 분리되었다. 버지니아의 리처드 헨리Richard Henry는 미국이 영국으로부터 완전히 독립하는 건의안을 승인하

기로 미국 의회에서 결정했다. 독립에 대한 선거 이후 의회는 토마스 제퍼슨Thomas Jefferson과 5명의 위원회에 의해서 독립 선언에 주력하였다. 의회를 거쳐서 완전한 독립을 승인받은 7월 2일은 역사상 아주 중요한 날이지만, 그런 사실을 만천하에 알린 7월 4일이 독립기념일이 되었다.

희한하게 미국의 대통령 중에는 7월 4일에 관련된 사연이 있는 대통령이 몇 명 있다. 이날 우연하게 존 애덤스John Adams와 토마스 제퍼슨Thomas Jefferson이 독립선언서에 서명을 하였고, 후에 둘 모두 미국의 대통령이 되었다. 이 둘은 또 우연치 않게 같은 날인 1826년 7월 4일에 사망했다고 한다. 그날은 독립을 선언한 지 50주년이 되는 날이었다. 독립에 서명을 한 서명자는 아니지만, 다섯 번째 대통령 제임스 무어 James Moore 역시 1831년 7월 4일 사망했다. 30번째 대통령인 캘빈 쿨리지Calvin Coolidge는 1872년 7월 4일에 태어난다. 그는 유일하게 독립기념일에 태어난 대통령이다.

미국의 독립기념일은 연방 공휴일이라 우편 서비스와 연방 법원과 같은 공공기관은 문은 닫는다. 그리고 많은 정치가들은 이날, 공적인 이벤트에 나타나서 미국의 국가 유산이나, 법·역사·사회·국가를 위해 훌륭한 일을 한 사람들을 격려한다.

이날 미국인들은 쉬면서 가족과 함께 모임을 갖고, 야외에서 피크닉과 바베큐를 즐기면서 미국의 독립을 경축한다. 퍼레이드는 주로 아침에 진행이 되며, 밤에는 공원이나 장터 혹은 타운 광장에서 불꽃놀이가 펼쳐진다.

독립기념일 전야에는 사람들이 모여서 모닥불을 피우고 소란스러운 모임을 갖는다. 뉴잉글랜드New England에서는 마을에서 돼지 머리, 또는 포도주를 저장하는 통을 피라미드처럼 높게 쌓아올리는 시합을 벌인다. 그리고 황혼녘에 불을 지피고 축제를 벌인다. 가장 높게 쌓아올린 기록으로는 매사추세츠 살렘Salem의 것으로, 40개의 술통을 쌓아올렸다. 이러한 풍습은 19세기와 20세기에 번성하였고, 지금까지도 몇몇 뉴잉글랜드 타운에서 행해지고 있다고 한다.

독립기념일에는 종종 미국 국가 〈성조기The Star-Spangled Banner〉, 〈신이여, 미국을 축복하소서God Bless America〉, 〈아름다운 미국America The Beautiful〉, 〈이 땅은 당신의 땅이다This Land is Your Land〉, 〈성조기여, 영원하라Stars and Stripe Forever〉와 같은 노래를 부르기도 한다. 그리고 동북부에서는 〈양키 두들Yankee Doodle〉이라는 노래가, 남부에서는 〈딕시Dixie〉와 같은 노래가 불린다. 몇몇의 노래 가사에는 혁명 전쟁이나 시민 전쟁 등을 연상시키는 부분이 있다.

이날 미국의 각 주에서는 '합병에 대한 경례Salute to the Union' 라는 명목으로 군사 기지에서 정오에 각주의 명칭을 호명하고 총성을 울린다.

독립기념일 불꽃놀이는 미국의 거의 모든 주에서 펼쳐진다. 불꽃놀이는 개인적인 용도로 사용되기도 하고, 쇼의 마지막을 장식하는 장면으로 사용된다. 그러나 안전상의 문제로 몇몇 주에서는 불꽃놀이를 금지하거나 크기와 종류를 제한하여 사용하도록 하고 있다.

2009년에 뉴욕 시는 22톤 가량의 불꽃을 발사해서 전 미국을 통틀어 가장 큰 불꽃놀이를 선보였다. 화려한 불꽃놀이로 유명한 지역은 시카고의 미시건 호, 샌디에고의 미션 베이, 세인트루이스의 미시시피 강, 샌프란시스코의 샌프란시스코 베이, 그리고 워싱턴 DC에 있는 내셔널 몰과 메모리얼 파크 등이 있다. 워싱턴의 독립기념일 불꽃놀이도 유명해서 내가 버지니아에 살고 있을 때는 그곳으로 불꽃놀이를 구경가기도 했다. 연필심처럼 뾰족한 워싱턴 DC 탑 주위의 풀밭에 누워 여름밤 하늘을 수놓은 불꽃놀이의 장관을 보았다. 그러나 뉴욕으로 이사를 온 후에 뉴욕에서 본 불꽃놀이는 이제까지 한 번도 보지 못한 장관이었다.

뉴욕의 밤하늘에 쉴새없이 터지는 불꽃놀이는 그야말로 '불꽃의 축제' 그 자체이다. 독립기념일은 공식적으로 7월 4일을 준수하지만, 그날이 어떤 요일이냐에 따라 참여자들의 수가 달라지기도 한다. 기념일이 주중이면 때때로 불꽃놀이는 그 주의 주말에 펼쳐지기도 한다.

미국에서 7월의 첫 번째 주는 전형적으로 가장 바쁜 여행 주간이기도 하다. 많은 사람들이 휴가를 떠나는 기간이기 때문이다. 미국의 독립기념일 행사는 전국 어느 곳을 막론하고 펼쳐진다.

사람들은 독립기념일을 즐기기 위해서 뒤뜰에서 가족과 이웃을 초대해서 파티를 하든지, 아니면 차를 몰고 야외로 나가기도 한다. 사람들은 저마다 음식을 아주 푸짐하게 준비하고 하루 종일 먹고 즐긴다. 내가 미국에 처음 정착했던 작은 도시에서도 불꽃놀이를 좀 더 잘 보기 위해서 일찌감치 사람들은 야외용 의자를 들고 나가 좋은 자리를 잡고 기다렸다. 지방의 불꽃놀이는 도시에 비하면 규모가 작았지만, 그래도 크게 볼거리가 없는 작은 도시에서는 그 작은 불꽃놀이 행사를 보기 위해 장시간을 야외에서 기다렸다.

사람들은 불꽃이 터지기를 몇 시간이고 기다리다 몇 발의 불꽃이 밤하늘에서 터지면 탄성과 감탄을 자아냈다. 그리고 행사가 끝나면 사람들은 앉아 있던 의자를 접어들고 집으로 돌아갔는데, 미국에 온 첫 해에는 그 장면이 아주 의아하게 생각됐다. 이런 정도의 작은 불꽃놀이에 동네의 도로가 다 막히다니 미국이라는 나라가 참 시시하다는 생각도 했다. 그러나 시간이 지나고 미국 생활이 익숙해지자, 나도 모르게 독립기념일이 되면, 바베큐 파티에 끼어야 할 것 같고 불꽃놀이도 봐야 할 것 같은 생각이 들었다.

미국은 이날 불꽃놀이와 같은 다양한 경축 행사뿐만 아니라, 상점마다 대대적인 세일 행사가 열린다. 또 어떤 사람들은 독립기념일에 휴가를 떠나기도 한다.

뉴욕의 독립기념일 불꽃놀이는 그야말로 장관이다. 그래서 그 이후에 불꽃놀이의 팬이 되었다. 매년 메이시스 백화점은 이 불꽃놀이를 후원하고 있다. 뉴욕의 불꽃놀이는 브루클린과 맨해튼 사이의 이스트 강에서 펼쳐질 때도 있고, 또 뉴저지와 맨해

튼 사이의 허드슨 강에서 펼쳐지기도 한다.

　개인적인 야외 공간이 부족한 뉴욕 사람들은 야외에서 바베큐 파티를 할 때도 있지만, 레스토랑을 이용하기도 하고, 허드슨 강 주변에 마련된 바베큐 파티와 불꽃놀이 패키지를 이용하기도 한다. 또 독립기념일에 맞춘 특별 크루즈도 마련되어 있다. 독립기념일 불꽃놀이 크루즈는 정말 한 번 경험해 볼 만하다. 선상에 이미 차려진 바베큐와 댄스 파티를 즐길 수 있다. 크루즈 배는 불꽃놀이가 펼쳐지는 밤 하늘 가까이까지 접근한다. 크루즈를 이용하면, 강 한가운데에 떠 있는 배 바로 위 하늘에서 펼쳐지는 불꽃놀이 장관을 관람할 수 있다.

　30여 분 동안 지속되는 불꽃놀이는 미국인들의 애국심을 고조시키기에 충분하다. 불꽃놀이가 끝나면 누가 먼저랄 것도 없이 미국의 국가를 부르고, 또 뉴욕을 찬양하

는 노래를 부른다. 다양한 인종과 다양한 민족이 모여 이루어진 미국이라는 나라가 어떤 것으로 국민들에게 유대감을 심어 주는지는 잘 모르겠지만, 이들의 애국심은 대단해 보인다.

어찌 보면 제각기 다를 것같이 보이는 미국의 문화에도 그들만이 공유하던 시간과 문화와 정체성이 있는 것이다. 평상시에는 쌀쌀하고 매우 개인적으로 보이는 뉴요커들도 어려운 사건이 터지거나 하면 더욱 단결하는 모습을 보여준다.

뉴욕에는 미국인들뿐만 아니라 아주 다양한 외국인 관광객들이 머물고 있으며 이민 1세대들이 살고 있다. 이들에게 독립기념일은 미국의 애국적인 국경일이 어떤 분위기인가를 체험해 보는 날이고, 여름 밤하늘에 펼쳐지는 환상적인 불꽃놀이를 구경하는 날이기도 하다.

센트럴파크 여름 공연 뉴욕 필하모닉 공연, 그리고 그 밖의 공연들

The New york Philharmonic Concert in Central Park and Other Summer Stages

언제 6월에서 8월 사이

어디서 센트럴파크를 비롯한 뉴욕 전역의 공원에서

일반적으로 축제라고 하면, 주로 타악기의 리듬과 인간의 광기를 분출하는 율동과 함께 가면과 분장으로 자신을 감추고 타인들과 어우러져 술을 마시는 모습을 떠올리게 된다. 모든 축제는 놀이의 일종으로 모두가 함께 어우러져 그 순간만큼은 하나가 되어 일탈과 환희를 느끼게 되는 것이다.

이러한 축제는 주로 신년 축제와 계절 축제, 그리고 풍요를 기리는 의식, 정화 의식, 희생 의식, 성인식 등의 형태로 보여진다. 축제를 축제답게 만드는 것은 공동체 의식의 고취와 지역적 고유성과 정체성 같은 것들이다.

하지만 과연 술의 힘을 빌리고 목소리를 높여서 노래하고 춤추고 외치며 광란의 잔치를 벌이는 것만이 진정한 축제의 모습일까. 우리는 때때로 예술 작품을 감상하거나 아름다운 음악을 듣고, 좋은 영화를 감상하는 것만으로도 진한 감동에 휩싸여 카타르시스를 느끼게 된다. 절제된 지성과 조화로운 미학을 바탕으로 인간의 감성을 자극하는 예술 세계 역시 대중들에게 그 고유한 감동을 전해 준다. 우리는 문화 예술의 창의적 세계를 통해 또 다른 카타르시스를 얻을 수 있다. 좋은 예술 작품은 우리의 마음을 정화하고 영혼을 울린다. 그것은 마치 우리가 자연을 대할 때 얻는 청량함과 순수함 같은 느낌이다.

예술 세계의 직관과 환상적인 아름다움은 군이 축제가 아니더라도 예술 작품 전시와 재즈 또는 클래식과 같은 문화 공연에 탐닉할 수 있다. 특히나 여름 즈음에 야외에

모마 뮤지엄MoMA Museum 여름 이벤트

서 열리는 공연들은 이러한 잔잔한 감동을 전해 준다. 오늘날에는 이러한 행사가 일반화되어 축제의 한 형태로 자리매김하고 있는데, 이는 대중에게 수준 높은 예술 작품을 무료로 즐기게 하는 의미 외에 문화 예술 박람회와 같은 효과를 지니고 있어 커다란 만남의 장이자 예술 시장의 역할을 하게 되기도 한다.

이러한 축제가 성공할 수 있었던 요인 가운데 하나는 거리와 같은 열린 공간에서 예술가들이 대중과 직접 소통함으로써 이들을 예술 세계에 보다 적극적으로 몰입할 수 있게 한다는 점이다. 이러한 축제는 때로는 아마추어 예술가들에게는 기회의 장을 제공하고, 대중에게는 숙련되고 세련된 유명 예술가들의 작품을 가까이 대하게 되는 기회를 준다.

여름에는 도시 곳곳의 공원에서 각종 공연과 이벤트들이 있다. 한여름 뉴욕에서 이러한 야외 공연이 많이 펼쳐지는 곳은 센트럴파크Central Park이다. 센트럴파크는 뉴욕에 있는 어느 공원이나 야외보다 월등히 공연 횟수가 많다. 여름 동안에 센트럴파크에서는 1,200회가 넘는 무료 콘서트, 무용, 연극 공연 등이 열린다.

센트럴파크는 복잡한 도시의 숨통을 틔워 주는 공간이다. 그만큼 센트럴파크는 도시에 사는 사람들에게는 자연을 대할 수 있는 열린 공간이기도 하다. 이 공원은 1857

쉽메도우Sheep Meadow

센트럴파크의 동쪽 경계 5번가

년에 문을 열었고, 약 3.41제곱킬로미터 넓이로 도시 한복판에 있다.

1858년에 녹지 계획안을 가지고 공원을 재건하고 확장한다는 취지하에 열린 디자인 대회가 열렸는데, 그중에서 프레드릭 로우 옴스테드Frederick Law Olmsted와 칼버트 보Calvert Vaux의 디자인이 선정되었다. 이 공사는 남북전쟁 중에 시작되었고, 1873년에 마무리되었다.

1962년 공원은 국가의 문화유산으로 지정되었고, 현재 정부와의 계약에 따라 '센트럴파크 보호협회The Central Park Conservancy'에 의해 관리되고 있다. 이 협회는 비영리 단체로 많은 사람들의 기부와 자선으로 유지된다. 센트럴파크를 유지하고 보수하는 데 들어가는 비용만 해도 연간 450억 정도가 쓰여진다고 한다.

센트럴파크는 뉴욕의 가장 유명한 관광 명소 중의 하나로, 북쪽으로 110가, 남쪽으로는 59가, 서쪽으로는 8번가, 그리고 동쪽으로는 5번가의 길들과 경계가 되어 있다.

벨비디어 캐슬Belevedere Castle

169

그래서 쾌적한 공원과 맞닿은 5번가에는 부유한 맨션들이 줄을 지어 들어서 있다.

이 공원은 미국에 있는 도시 공원 중 가장 방문자 수가 많다. 뉴욕의 센트럴파크는 많은 사람들과 함께하기 때문에 더욱 빛나는 곳이다. 공원의 크기는 뮌헨의 엥글리셔 가르텐Englischer Garten 공원과 런던의 하이드 파크Hyde Park와 비슷하고, 샌프란시스코의 골든 게이트 파크Golden Gate Park, 도쿄의 우에노 파크Ueno Park, 밴쿠버의 스탠리 파크Stanley Park와 같은 다른 공원을 만드는 데 모델이 되었다.

센트럴파크는 자연 그 자체 모습인 것처럼 보이지만 사실은 완전히 인공적인 조경에 의해 만들어진 것이다. 공원에는 자연스러운 모습이지만 인공적으로 지어진 호수와 연못들이 있다. 광활한 산책로와 마차가 지나는 길, 두 개의 아이스링크가 있고, 이 아이스링크 중의 하나는 여름에는 수영장으로 변신한다. 센트럴파크 동물원, 센트럴파크 온실 정원, 야생동물 보호구역, 육상 트랙이 있다. 그리고 야외 원형극장이 있어서 여름에는 셰익스피어 공연이 열린다. 실내에 있는 것으로는 자연의 한가운데 벨비디어 캐슬Belvedere Castle이 있고, 스웨덴식의 오두막 마리오네트Marionette 극장,

(위) 스웨덴식 오두막 마리오네트 극장Marionette Theatre

(아래) 재클린 캐네디 오나시스 저수지Jacklyn Kennedy Onassis Reservoir를 따라 난 길

(왼쪽) 벨비디어 호수Belvedere Lake 근처

그리고 너른 초지가 있다. 이 초지는 때때로 스포츠를 위한 공간으로 사용되고, 수많은 사람들을 위한 놀이와 휴식 공간이 된다.

19세기 초에서 중엽 사이에 뉴욕의 인구가 네 배로 늘어나고 도시가 팽창함에 따라 사람들은 소음과 혼란에서 벗어나 열린 공간이 필요할 것이라는 생각을 하게 되었다. 그에 따라 뉴욕 시는 당시 50억의 돈을 들여 공원 부지를 구입했다.

공원이 만들어지기 전, 이 지역은 매우 가난한 흑인들과 영국이나 아일랜드에서 온 이주민들이 살고 있었다. 그들 대부분은 작은 마을에서 살았다. 그 당시에 1천 6백 명이 이 지역에 거주하고 있었다고 한다. 하지만 이들은 새로운 공원 건설을 위해서 퇴거되었고, 이들 마을은 공원을 만들기 위해 철거되었다.

사실 도시 한가운데 숨통처럼 열린 공간을 만드는 일은 도시에 사는 모든 사람들에게 이로운 일인 것이다. 이것은 특정한 어떤 신분과 계층을 위한 것이 아닌 공공의 이

그레이트 론Great Lawn

익을 위한 일이기 때문이다.

디자인에 있어서 여러 가지 요소가 센트럴파크를 만드는 데 영향을 미쳤다. 그중에도 전원적이고 자연적인 분위기를 살리는 것은 물론 산책을 하는 사람이 걷는 보도, 마차가 지나가는 길, 그리고 자동차가 지나가는 길을 구분하여 설계한 것이다. 공원 안에 있는 36개의 다리는 편암과 화강암으로 이루어졌고, 레이스 모양의 주철 주물로 만들어진 골조 모양은 어느 하나도 똑같은 모습이 없다.

공원 조성 과정은 매 순간 기록되고 사진으로 남겨졌다. 공원에 원래 있었던 토양이 묘목을 심는 데 적절하지 않다는 이유로 뉴저지에서 엄청난 흙을 실어오기도 했다. 원래 있었던 엄청난 양의 흙과 바위 등이 공원 밖으로 수송되었고, 대략 4백만 그루가 넘는 나무와 관목, 그리고 식물들이 공원에 심어졌다. 그 종류는 1천 5백 종이 넘는다고 한다. 그리고 많은 화약이 그 지역을 정비하는 데 사용되었는데, 그 양은 남북전쟁에서 사용된 양보다 더 많았다.

원래 공원에는 양들이 지금의 쉽메도우Sheep Meadow양 초원에서 풀을 뜯고 있었지만, 빈곤했던 뉴욕의 대공황 시기에 굶주린 사람들이 양들을 잡아서 식량으로 사용할까 봐 업스테이트로 이동시켰다고 한다. 양들이 없는 지금도 이곳은 쉽메도우라는 이름이 계속 남아 있다.

센트럴파크의 역사를 살펴보면, 오늘날 사람들이 자유롭고 부담없이 즐기는 아름다운 공원은 수많은 사람들의 노력과 희생으로 만들어진 것임을 알게 된다. 센트럴파크에 설치된 야외 극장들은 여름마다 많은 공연을 선보이고 유명 영화 배우들이 등장한다. '델라코트 극장'은 뉴욕의 〈셰익스피어 페스티벌New York Shakespear Festival〉이 열리는 장소이다. 이 극장은 1962년 조셉 팹Joseph Papp에 의해 설립된 이후 품격 있는 공연들을 선보이고 있다.

뉴욕 필하모닉 오케스트라의 콘서트는 1965년 이후부터 매년 여름 맨해튼에 있는 센트럴파크의 '그레이트 론Great Lawn'의 푸른 초지 위에서 열린다. 그리고 1967년

New York
Philharmonic
Concerts
in the
Parks
Presented by Didi and
Oscar Schafer
TimeWarner

New York
Philharmonic
CREDIT SUISSE
Global Sponsor
Concerts
in the
Parks
Presented by Didi and
Oscar Schafer
Alan Gilbert
NEW YORK PHILHARMONIC
Major Corporate Support by
TimeWarner
Turner
HBO
Time Inc.
New Corporate
Support for Concerts
in the Parks by
TimeWarner
Presented
and Osc

부터 2007년까지 메트로폴리탄 오페라는 매년 두 번의 오페라를 선보였다. 그 밖에도 많은 콘서트가 공원에서 열린다. 1967년에 바바라 스트라이샌드Barbra Streisand의 공연이 있었고, 1973년에 캐롤 킹Carole King, 1980년에 앨튼 존Elton John, 1981년에 사이먼 앤 가펑클Simon and Garfunkel Reunion, 2003년에 본 조비Bon Jovi, 2011년에 안드레아 보첼리Andrea Bocelli 등 너무나 유명한 음악인들이 콘서트를 열었다.

지금도 매해 여름, 도시 공원 재단은 센트럴파크 여름 공연Central Park Summer Stage, 음악, 무용, 음성 단어와 영화 프리젠테이션 등 대중을 위한 무료 공연 시리즈를 제공한다.

여름 공연 중 가장 알려진 것은 바로 뉴욕 필하모닉 오케스트라 공연이다. 뉴욕에 살고 있는 사람은 아마도 이 공연에 최소한 한 번 이상은 참석했을 것으로 짐작된다. 뉴욕을 방문하는 관광객들도 여름에 뉴욕을 방문할 기회가 있으면 많이 찾는 공연으로 알고 있다. 여름에 공원에서 열리는 공연들은 대체적으로 무료이다.

공식적으로 뉴욕 필하모닉 오케스트라는 뉴욕을 거점으로 한 교향악단이고, 미국의 교향악단 중 빅 파이브에 든다. 오케스트라단의 본부는 뉴욕의 링컨센터Lincoln Center에 있는 에이버리 피셔 홀Avery Fisher Hall이다. 뉴욕 필하모닉 오케스트라는 1842년에 조직되었으며 현존하는 미국의 교향악단 중에 가장 오래되었다. 현재는 앨런 길버트Alan Gilbert가 음악 감독으로 있다. 그리고 전 음악 감독인 주빈 메타Zubin Mehta의 동생인 자린 메타Zarin Mehta가 오케스트라단 회장으로 있다.

뉴욕 필하모닉의 명성과 재정 상태가 처음부터 좋았던 것은 아니었다. 자체의 음악홀을 갖기 위해서 기금 마련 콘서트를 비롯한 많은 노력을 했고, 전쟁으로 인한 궁핍으로 어려움을 겪었다. 시어도어 토마스Theodore Thomas는 세련되고 기교적인 오케스트라를 만들어 오케스트라를 재정적으로 일으키는 데 공헌했다

다른 유명 지휘자인 안톤 세이들Anton Seidl은 1898년까지 토마스에 이어 뉴욕 필하모닉을 이끌었다. 세이들의 낭만적인 해석은 관객에게 영감을 주었다. 그는 47세의 나이에 급작스럽게 식중독으로 사망해 많은 사람들이 그의 죽음을 애도하였다.

뉴욕 필하모닉 오케스트라는 2008년 2월 26일에 평양에서 공연을 했다. 이 공연은 한반도에서 전쟁이 끝난 이후 처음으로 있었던 미국 문화 사절단 방문으로 아주 의미 있는 공연이었다. 이 공연에서 우리나라의 민요 〈아리랑〉이 연주되어 세계에서 가장 고립된 나라와의 관계를 넓히고 교류를 할 수 있는 기회가 되기도 했다.

뉴욕 필하모닉 오케스트라의 지휘자인 앨런 길버트는 바이올리니스트이자 현재 음악 감독을 겸하고 있다. 오케스트라의 음악 감독으로서 그의 데뷔 공연은 2009년 9월 16일에 있었다.

앨런 길버트는 뉴욕에서 태어났고, 그의 아버지 마이클 길버트와 일본인 어머니 요

코 다케베는 뉴욕 필하모닉에서 바이올린 연주자로서의 경력을 가지고 있다. 그의 아버지는 2001년에 은퇴하였고, 어머니는 여전히 오케스트라에서 공연을 하고 있다.

1980년대에 길버트는 하버드에서 음악을 공부하였다. 그는 그곳에서 하버드 바하 협회 오케스트라에서 음악 감독을 했다. 하버드에서 학위를 받은 후, 그는 줄리어드 음악 학교에서 지휘를 공부하였다. 1994년에 게오르그 솔티상Georg Solti Prize을 수상하였고, 제네바에서 국제 뮤지컬 공연을 위한 국제 대회에서 최우수상을 수상하기도 했다.

2001년에 길버트는 그의 뉴욕 필하모닉의 첫번째 지휘자로 등장했다. 그는 뉴욕 태생으로는 처음으로 지휘자가 되었다.

길버트는 미국의 음악을 현대적으로 지휘하는 데 있어서 많은 명성을 구축하였다. 그는 보수적인 뉴욕 필하모닉의 연주에 다소 다른 변화를 가져오게 했다. 그리고 그는 주로 아시아와 중동 국가들에서 축제와 음악 공연 투어를 하는 뉴욕 필하모닉의

새로운 음악을 위한 시리즈를 도입했다.

매년 여름이면 뉴욕 필하모닉 오케스트라는 맨해튼, 브롱크스, 브루클린, 퀸즈, 스테이튼 아일랜드 등 뉴욕 곳곳의 공원에서 공연을 갖는다. 이러한 공연은 클래식 음악에 조예가 없는 일반 대중들도 쉽게 다가설 수 있는 기회를 마련하고 있다. 사람들은 공연이 시작되기 몇 시간 전부터 무대 앞쪽에 자리를 맡고는, 뉴욕 필하모닉 오케스트라의 연주가 있는 동안 공원의 잔디 위에 자리를 깔고, 친구들과 준비해 온 음식과 음료를 나누어 먹는다. 한여름 밤에 야외에서 펼쳐지는 오케스트라 공연은 정말이지 낭만적이고 환상적이다.

보통 공연은 8시에 시작하지만, 야외 음악당 가까이 앉아서 음악에 더 심취하고 싶다면 2시간 전에는 도착해야 한다. 하지만 자리에 상관없이 같이 간 사람들과 피크닉을 즐기고 싶다면 어느 장소이건 쾌적한 장소를 찾으면 된다. 스피커를 곳곳에 설치해 놓았으므로 음악을 듣는 데는 큰 지장이 없다. 음식물과 음료가 허용되고, 술 종류

가 묵인된다. 원래 뉴욕에서는 법적으로 외부에서 술을 마시는 것이 금지되어 있고, 곳곳에 경찰이 배치되어 있으므로 너무 노골적으로 마시는 것은 곤란하다. 콘서트가 열리는 기간은 여름이지만 밤에는 기온이 떨어지므로 스웨터나 자켓을 가져가는 것이 좋다. 모기가 그리 많지는 않지만, 더 조심하고 싶다면 모기 쫓는 스프레이나 양초 같은 것을 준비해 가도록 한다. 그리고 멀리서도 자리를 쉽게 찾으려면, 특별한 풍선으로 자리를 표시를 해놓는 것도 좋다. 그리고 땅에서 올라오는 습기를 막기 위해서 잔디 위에 깔 담요를 준비하는 것은 필수다.

바람이 살랑이는 야외에서 벌어지는 공연은 연극이든 오페라든 콘서트든 더 감동적이다. 왠지 야외에서 하는 공연은 주변의 산만한 환경에도 불구하고 더욱 정취가

깊게 느껴진다. 사실 이 콘서트를 보러오는 사람들은 뉴욕 필하모닉의 음악을 감상하러 온다기보다는 야외에 먹을거리를 준비해 와서 사람들과 같이 어울리고 함께 먹고 즐기는 데 더욱 큰 비중을 두는지도 모른다. 어떤 사람들은 바닥에 깔 담요 수준을 넘어서 휴대용 의자와 테이블, 와인 잔과 접시까지 엄청난 준비를 해온다.

사람들은 어스름한 여름 저녁에 잔잔히 울려퍼지는 연주를 들으면서 선선한 밤공기를 즐긴다. 뉴욕 필하모닉 오케스트라 공연은 이렇게 매년 사람들을 초대하고 음악과 여름 밤의 정취에 취하게 만든다.

콘서트가 끝나면 공원 한가운데서 불꽃놀이가 있다. 뉴욕 필하모닉 오케스트라의 공연과 불꽃놀이를 위해 많은 재정적인 후원과 자원봉사자들이 참여한다. 어떤 해의 콘서트에서는 연주가 시작되기 전, 알렉 볼드윈Alec Baldwin이 인사말을 했으며, 사회자는 그가 이 행사를 크게 후원했다고 감사하다는 말을 전했다.

자본주의는 미국에 막강한 부와 힘을 가져다주었다. 미국에는 그 힘으로 성공한 부자들이 많고, 또한 이들이 사회에 행하는 자선과 후원도 넉넉하다. 어찌 보면 우리가 너무 쉽고 편하게 누리는 이런 문화적인 기회들도 이러한 자선이 없이는 가능하지 않다. 이들의 재정적인 후원이 있고, 또 자원봉사자들의 노력에 의해서만이 이러한 행사가 가능한 것이다.

뉴욕 필하모닉 오케스트라의 공연 외에도 여름이 되면 센트럴파크를 비롯한 뉴욕 곳곳의 공원에서 갖가지 공연들이 펼쳐진다. 그중에서도 유명한 것이 〈셰익스피어 인 더 파크Shakespear in the Park〉 라는 공연인데, 이 공연 역시 대중들에게 야외에서 무료로 제공되는 공연이다.

〈셰익스피어 인 더 파크〉는 윌리엄 셰익스피어의 작품을 무료로 공공장소에서 선보이는 것을 말한다. 뉴욕의 센트럴파크의 델라코트 극장Delacorte Theater에서 열리는 〈셰익스피어 인 더 파크〉 라는 개념의 여름 공연은 널리 전 세계적으로 퍼져 있다. 델라코트에서 만든 작품들은 셰익스피어 외에도 안톤 체호프Anton Chekhop와 갈트

찰리 파커 재즈 페스티벌Charlie Parker Jazz Festival

브루클린을 축하하자Celebrate Brooklyn

맥더모트Galt MacDermot의 작품들도 포함한다.

셰익스피어 워크숍은 조셉 팹에 의해 조직되었다. 델라코트 극장에서는 1백 개가 넘는 작품들이 무료로 공연되었다. 메릴 스트립Meryl Streep, 케빈 클라인Kevin Kline, 덴젤 워싱턴Denzel Washington, 앤 해서웨이Anne Hathaway, 알 파치노Al Pacino와 같은 유명한 배우들이 이 극장을 거쳐갔다.

그 외에도 인터넷으로 검색하면 5월에서 8월 사이에 뉴욕 전역의 야외 공간에서 열리는 공연 스케줄을 찾아볼 수 있다. 브루클린에서는 〈브루클린을 축하하자 Celebrate Brooklyn〉라는 공연이 브루클린의 '프로스펙트 파크Prospect Park'에서 열린다. 또 브루클린 브리지 파크Brooklyn Bridge Park와 같은 곳곳의 공원에서 공연이 펼쳐진다.

또한 여름이 되면 할렘에서 찰리 파커 재즈 페스티벌Charlie Parker Jazz Festival이 열리는데, 재즈에 관심이 있는 사람들은 할렘에 모여 찰리 파커를 추모하고, 한여름에 야외에서 열리는 재즈 콘서트를 감상한다. 재즈도 좋고, 콘서트가 끝난 뒤에 소울 푸드Soul Food로 유명한 실비아 레스토랑Sylvia's Restaurant에 들러 저녁을 먹는 것도 좋다. 소울 푸드란 흑인들이 고생할 때 먹었던 거친 음식을 말하지만 지금은 추억으로 먹는다. 뉴욕에서는 조금만 부지런을 떨면 많은 돈을 들이지 않고도 수준 높은 문화를 즐길 수 있는 기회가 많고도 많다.

웨스트 인디언 아메리칸 데이 카니발 / 노동절 퍼레이드

West Indian-American Day Canival / Labor Day Parade

언제 9월의 첫 번째 월요일(공휴일) 오전 11시

어디서 이스턴 파크웨이, 유티카 애비뉴에서 그랜드 아미 플라자까지

● ● ●

노동절은 9월의 첫 번째 월요일이고, 미국 연방 공휴일이며, 근로자가 사회 · 경제적으로 공헌한 업적을 기념하는 날이다. 또한 노동절은 미국의 많은 유통업체들이 노리는 큰 세일 기간이기도 하다. 노동절은 대부분의 미국인들에게 또 다른 의미로, 여름이 끝나는 절기를 상징하며, 미국의 스포츠에서는 노동절은 축구 시즌의 시작을 의미하기도 한다.

미국 사회에서는 특별한 날의 상징인 노동절은 뉴욕과 브루클린에서 커다란 행사가 열리는 날이기도 하다. 캐리비안 출신의 사람들이 모여서 벌이는 웨스트 인디언 아메리칸 데이 카니발West Indian American Day Carnival을 노동절 퍼레이드라고 부르는데, 이들의 퍼레이드는 노동절과는 관계가 없다. 다만 9월 첫 번째 월요일, 노동절 휴일에 치루어지는 서인도제도 출신의 이민자들이 벌이는 연례 축제이다. 이 행사는 브루클린의 크라운 하이츠Crown Heights에서 열린다.

이 축제는 주말과 노동절인 월요일까지 브루클린 곳곳에서 여러 가지 이벤트가 열리는데, 그 가운데 메인 이벤트는 약 1백만 명에서 3백만 명의 인파를 불러모으기도 한다. 모든 관중과 참가자들은 이스턴 파크웨이Eastern Parkway에 모인다.

서인도제도란 중앙아메리카의 동쪽 바다에 활 모양으로 흩어져 있는 열도를 말하는데, 바다에 흩어져 있는 1만 2천여 개의 섬으로 이루어지며, 대 앤틸리스Greater Antilles 제도, 소 앤틸리스Lesser Antilles 제도, 바하마Bahamas 제도로 나뉜다. 서인도

제도라는 이름은 콜럼버스가 이 지역을 인도로 오인한 것에서 유래한 이름이다.

서인도제도는 모두 영어를 쓰는 10개의 카리브해 나라들로, 트리니다드토바고 Trinidad and Tobago, 바베이도스Barbados, 자메이카Jamaica, 그리고 리워드Leeward 와 윈드워드 아일랜드Windward Island 등이 영국의 식민지였다. 서인도제도 나라들이 연맹을 표방한 의도는 작은 국가들이 커다란 연합 국가를 만들어서 캐나다 연방, 호주 연방 또는 중앙아프리카 연맹들처럼 영국으로부터 독립을 하기 위한 것이었다. 그러나 그러기도 전에 내부의 정치적 갈등으로 인해서 연맹은 붕괴되었다.

20세기에 와서 카리브해 지역은 전후 기간 탈식민지 시대에 다시 중요해졌다. 그리고 쿠바와 미국의 대립으로 인해 이 지역은 한때 긴장감이 도는 등 강대국 간의 전쟁, 노예, 이민으로 인해 카리브해 역사는 불균형적인 영향을 많이 받았다.

콜럼버스가 미국으로 항해를 한 직후 포르투갈과 스페인의 배들은 중남미 영역에 대한 권리를 주장하기 시작했다. 다른 유럽의 파워들, 특히나 영국·네덜란드·프랑스는 카리브해에서 자신의 이익을 원했고, 유럽의 제국들은 수세기 동안 카리브해 지역을 차지하기 위해 경쟁하였다.

스페인 제국이 쇠퇴하자 다른 유럽의 나라들이 카리브해에서 힘을 과시하였다. 그러면서 유럽의 질병들이 이 지역에 전파되어 원주민들의 인구는 크게 감소했다. 네덜란드·프랑스·영국은 이 지역에 장기적으로 거주하게 시작했다. 그들은 열대 농장 시스템을 지원하기 위해서 아프리카에서 수백만 명의 노예를 데리고 왔다.

카리브해에 온 노예들은 사탕수수 밭이나 소금 광산 같은 곳에서 비인간적인 대우를 받으며 노동했다.

'대서양의 노예무역Atlantic Slave Trade'은 16세기에서 19세기 말까지, 카리브해를 포함해서 미국 안에 있는 영국·네덜란드·프랑스·포루투갈과 스페인의 식민지에 노예를 공급해 주는 역할을 하였다. 노예의 대부분은 1701년과 1810년 사이에 카리브해에 있는 식민지로 보내졌다.

유럽 식민지 시절의 농장주들은 노예들을 규제하는 법률을 필요로 하였다. 초기의 식민지 시대에는 반항적인 노예를 가혹하게 고문하여 사망에 이르게 했고, 탈출을 시

도하는 노예들의 손과 발을 잘라 불구로 만들어 버리는 잔혹한 처벌을 하기도 했다.

당시 유럽 국가들의 카리브해에 대한 착취는 스페인의 정복자들이 금을 채굴하러 왔다가 돌아간 때로 거슬러 올라간다. 또한 콜럼버스는 이 섬이 설탕 산업 개발을 위해서 아주 적당하다고 생각했다. 카리브해의 농업 역사는 유럽의 농장 시스템을 도입하여 이 지역의 잠재력을 이용하는 식민주의와 연결되어 있다. 18세기 중엽에 설탕은 영국이 식민지에서 생기는 최대의 수입이었다.

18세기에 설탕은 아주 귀했을 뿐더러 인기가 많았고, 19세기에 와서는 필수품이 되었다. 햇볕이 강하고 풍부한 강우와 서리가 없는 카리브해는 사탕수수 농업과 설탕 산업에 적합하였다.

카리브해 지역은 오랜 식민지 역사를 통해 전쟁으로 파괴되었다. 물론 전쟁은 유럽

에서 자주 일어났고, 카리브해에서는 작은 전투만이 있었다. 그러나 몇몇의 전쟁은 카리브해 자체에 정치적인 혼란을 낳았다.

식민지 시대를 통해 카리브해에 있는 많은 섬들에서 실시된 농업 시스템과 노예무역은 노예들을 저항하게 만들었다. 노예들은 식민지 농장에서 탈출해 자유를 위한 피난처를 찾아 떠났다. 그리고 탈출한 노예들의 공동체들이 결성되었다. 격렬한 저항이 카리브해의 섬들에서 주기적으로 일어났다. 특히 자메이카와 쿠바에서 많은 반란이 일어났다. 이러한 반란들은 유럽인들에 의해서 진압되었다.

지금 카리브해는 경제·정치적인 면에서 미국의 영향력이 아주 크다. 경제적 측면에서 미국은 카리브해 지역 상품의 주요 시장이 되었다. 제2차 세계대전은 카리브해 지역에 전환점을 주었다. 소련의 위협에 맞서기 위해 미국이 이 지역과 제휴를 굳건하게 한 것이다. 그런 의미에서 카리브해는 미국에 있어서 전략적인 관심 영역이 되었다.

이 관계는 21세기까지 이어졌다. 미국은 카리브해에 대한 무역 노선에 관해서 전략적인 관심을 보이고, 카리브해의 국가들은 세계 자유시장 경제에 참여를 강화하고자 한다. 미국은 이런 시장경제에서 영향력 있는 역할을 하였다.

20세기가 되면서, 카리브해의 섬들은 정치적으로 안정되었다. 섬에서 일어나는 큰 규모의 폭동은 노예제도가 종식된 이후에 더 이상 나타나지 않았다. 영국이 통치했던 모든 섬들은 이미 그들의 경찰, 소방서, 의사와 병원을 가지고 있었다. 하수 시스템과 공공수로가 건설되고, 사망률이 급격히 감소되었다. 문맹률도 크게 감소되었고, 지역 주민들을 위한 학교가 지어졌다. 공공 도서관이 큰 마을과 도시에 설립되었다.

또한 식민지 시대의 대규모 설탕 수출 때문에 만들어진 항구는 오늘날 카리브해를 세계 선박 산업의 초석이 되게 하였다. 지금도 많은 주요 선박들이 여전히 이 운송로를 통과한다.

노동절 퍼레이드로 알려진 웨스트 인디언 아메리칸 데이 카니발West Indian-

HOLLISTER
CALIFORNIA
SENALS
RETIRED
SLAVE
WE K
SAVE JOBS
at SUNY
Downstate

American Day Carnival은 9월의 첫 번째 월요일, 노동절에 열리는 연례 축제이다. 이 축제는 브루클린 크라운 하이츠에서 펼쳐진다.

주요 이벤트는 웨스트 인디언 아메리칸 데이 퍼레이드로, 1백만 명에서 3백만 명 사이의 참가자들을 끌어들이는 대규모의 축하 퍼레이드이다. 관중들은 이스턴 파크 웨이에서 펼쳐지는 퍼레이드를 감상하게 된다. 이 퍼레이드는 트리니다드토바고, 아이티, 바르바도스, 세인트루시아, 자메이카, 그레나다를 포함하는 카리브해 섬들을 상징한다. 또한 구아나Guyana와 수리남Suriname과 같은 남미의 나라들을 포함한다.

이 축제는 캐리비안 출신의 제시 와델Jessie Waddell과 웨스트 인디언 출신의 그녀의 친구들이 할렘에서 처음으로 시작한 것이었다. 1920년대에 2월의 어느 추운 날, 그들은 사보이Savoy, 르네상스Renaissance와 오두본 볼룸Audubon Ballroom과 같은 커다란 실내 공간에서 의상 파티를 시작했는데, 그것이 카니발의 시작이었다. 이것이 '트리니다드토바고 카니발'이었다.

원래 유럽에서 카니발 축제는 예수의 부활을 기다리는 40일 간의 사순절이 시작되기 전에 그 기간 동안 금지되는 욕구들을 미리 충분히 즐기기 위해서 벌이는 광란의 축제였다. 사순절 기간에 교인들은 그리스도의 수난을 기억하며 단식, 금욕 등의 절제된 생활을 하며 보낸다. 그래서 카니발은 금욕 생활을 견디기 위해서 사순절이 시작되기 전에 잔치를 열어 마지막으로 즐겨 보자는 의미였다. 카니발의 특성상, 음악과 의상을 위한 퍼레이드가 필수였다. 그래서 실내에 갇혀진 축제는 잘 어울리지 않았다.

초기에 카니발로 알려진 거리 퍼레이드는 1947년 9월 1일에 펼쳐졌다. 트리니다드 토바고 카니발 축제 위원회가 할렘에 창립되었고, 퍼레이드 루트는 110가에서 시작해서 7번가를 따랐다. 하지만 할렘 퍼레이드를 위한 허가는 1964년에 취소되었다.

다시 5년 후에 웨스트 인디언 아메리칸 데이 카니발 협회West Indian- American Day Carnival Association가 만들어져 이 퍼레이드는 오늘날에도 이어지고 있다. 그

대신, 퍼레이드는 할렘이 아닌 브루클린의 이스턴 파크웨이에서 펼쳐지도록 승인을 받았다.

트리니다드의 많은 칼립소Calypso와 소카Soca 음악이 노동절 카니발을 위해서 만들어졌다. 칼립소 로즈Calypso Rose에 의해 〈이스턴 파크웨이 위의 사격전Gunplay on the Eastern Parkway〉, 마에스트로Maetro에 의해 〈이스턴 파크웨이의 밀리Melee on the Eastern Parkway〉, 그리고 마이티 스패로우Mighty Sparrow의 〈브루클린의 노동절Labor Day in Brooklyn〉과 같은 노래들이 만들어졌다. 그리고 제이 Z는 2009년의 〈엠파이어 스테이드 오브 마인드Empire State of My Mind〉라는 노래에서 노동절 카니발에 대해서 언급했다.

규모가 큰 웨스트 인디언 아메리칸 데이 퍼레이드는 크고 작은 사건과 사고를 불러왔다. 원래 축제 분위기가 무르익고, 음악과 춤과 함성에 감정이 몰입되면 행진을 하는 사람들과 구경꾼들 모두 흥분을 하게 되고, 때때로 사람들은 마음의 평정을 잃고 과격한 행동을 하기도 한다. 어떤 해에는 축제를 순찰하던 경찰이 자신의 본분을 잃고 퍼레이드에 참가한 여자와 격렬한 춤을 춰서 비난을 받은 사건이 있었다.

내가 이 퍼레이드를 보러 갔을 때는 월 스트리트 점유 운동Occupy Wall Street Movement의 시위대가 이 퍼레이드에 합류했다가 경찰의 제재를 받았다. 그리고 저녁에 뉴스로 보니 이 행사가 진행되는 도중에 두 명의 젊은이가 칼에 찔려 죽는 사고가 있었다. 그뿐만이 아니라 보통 퍼레이드가 일어나기 하루 전날 밤 자정에는 산발적으로 벌어지는 행진으로 일어나는 소음 때문에 뉴욕 시 311 서비스에 수많은 민원이 접수되기도 한다.

이들 카니발의 역사는 고대 케메트Kemet이집트 문명의 축제에 뿌리를 두고 있다. 나일과 델타 주변을 둘러싼 많은 부족들이 그들의 신들을 찬양하기 위해서 이런 비슷

한 의식을 가졌다. 이러한 부족들은 유목민들이었는데, 이들은 아프리카의 서쪽 지역에 정착했다. 또 그들 중 일부는 1700년대와 1800년대에 노예제로 인하여 억지로 카리브 해에 정착하게 되었다.

노예무역이 있었던 동안과 그 이후에, 서아프리카에 살던 흑인들은 그들이 살던 곳에서 카리브해에 강제로 이주했다. 하지만 그들의 전통은 그들의 영혼 속에 남아 있어서 카리브해에 있는 섬들의 노예들에게 퍼졌다. 이 축제는 부분적으로 프랑스의 마르디 그라스Mardi Gras와 닮았다. 마르디 그라스는 영어로 카니발Carnival을 지칭한다. 거기에서 카리브해 카니발이 탄생했다. 카리브해의 카니발은 지속적으로 진화되어 오늘날의 그들의 카니발은 원래의 기원과는 아무런 유사성이 없다.

프랑스, 스페인, 그리고 영국이 지배하던 식민지 초기에는 귀족들은 크고 화려한 의상 무도회와 잔치, 작은 퍼레이드를 열었다. 하지만 노예들이 참가하는 것은 허용되지 않았다.

노예제도 폐지 후 해방된 수천의 노예들은 그들의 이전 주인을 풍자하고, 유럽 사람들의 복장과 행동을 흉내내어 축제를 벌였다. 카니발은 더욱 시끌벅적해지고 소음으로 가득해졌다. 동시에 정교하게 디자인된 의상과 함께 더 화려해졌다.

　카리브해의 사람들은 그들의 카니발 전통을 캐나다, 영국, 그리고 몇몇 미국의 도시에 전파시켰다. 그중 뉴욕 버전은 미국에서 행해지는 어떤 유사한 축제보다 규모나 내용면에서 월등하다.

　카리브해의 카니발은 다채롭고 창의성이 강하다. 그리고 카리브해의 문화를 빛나게 한다. 축제 초기에는 40일 간의 사순절이 시작되기 전에 행하여지는 축제의 형태였고, 사순절이 시작되기 전 마지막으로 감추어진 욕구를 발산하고 마음껏 즐겨 보기 위한 기회를 만드는 것이었다. 이것은 프랑스의 식민지 개척자가 카리브해로 가져온 기독교적인 축제였다. 하지만 이 축제는 점점 프랑스, 스페인, 영국의 문화에 아프리카의 문화가 더해진 새로운 축제가 되었다.

　1980년대 중반과 1990년대 초기에 카리브해 사람들이 북미로, 특히 뉴욕으로 이민을 오게 되면서 그들은 그들의 문화적인 특성을 미국으로 가져왔다.

　오늘날 웨스트 인디언 아메리칸의 날 축제협회WIADCA는 카리브 예술과 음악, 문화를 보존하고 발전시키는 데 중요한 역할을 하고 있다.

　카니발의 날에는 아주 많은 음식이 풍부하게 준비되어 있다. 모든 이스턴 파크웨이 위의 가

POLICE DEPT.

Festival

GUYANA
JAMAICA
16
TRINIDAD
BARB

판대에는 다양한 요리가 준비되어 있다. 길을 따라서 닭고기 말린 육포, 닭고기 스튜, 소 꼬리, 밥과 완두콩, 샐러드, 마카로니 파이, 날치 튀김, 염소 카레, 로티라는 빵, 카랄루라는 캐러비안 요리, 소스, 소금에 절인 생선, 코코넛 빵, 그 밖에도 많은 종류의 음식 가판들이 늘어서 있다. 음식에 대한 취향이 어떻든 그 선택의 폭이 아주 넓다. 그야말로 이날이 먹고 마시고 즐기는 날인 것이 실감될 정도로 거리마다 음식이 넘쳐난다.

또 라디오 방송국, 신문, 그리고 입소문들로 카니발의 주말에 어떤 이벤트가 일어나는지 찾을 수 있다. 인터넷뿐만 아니라, 신문의 카리브해 섹션에서는 카리브해 공동체의 축제에 대해 얘기하고, 라디오 방송국은 다른 축제들이 열리는 장소에 대해 말해 준다. 또한 방송에서는 최신의 소카와 레게 음악을 틀어주고 카니발 분위기를 살려준다.

주요 행사인 퍼레이드 외에도 브루클린 곳곳에서 많은 행사들이 열리는데, 그 중에서 퍼레이드를 하는 날 새벽에 열리는 쥬벌뜨J'Ouvert라는 이벤트는 유명하다. 프랑스어인 쥬벌뜨는 새벽녘을 의미한다. 이 행사는 1937년 트리니다드에서 시작되었는데, 뉴욕에서 카니발이 시작되는 날 행사가 열린다. 카니발의 참가자들은 화려한 카니발 의상과는 달리 싸구려 의상을 걸치고, 사회·정치적인 문제를 조롱한다. 이 새벽녘에 열리는 소규모의 축하 행사는 새벽 2시, 도서관 옆의 아미 플라자Army Plaza에서 시작된다. 그리고 플랫부쉬Flatbush를 거쳐서 엠파이어 블러바드Empire

Boulevard로 향한다. 그리고 노스트랜드 애비뉴Nostrand Avenue와 린덴 블러바드 Linden Boulevard에서 끝이 난다.

쥬벌뜨 행사에서는 너무 차려입어서는 안 된다. 쥬벌뜨는 아주 캐주얼한 축제이다. 전통적으로 이 축제 중에는 밀가루, 페인트와 염색약 등을 뿌리거나 던진다. 그래서 옷을 더럽히는 것이 신경쓰이지 않을 만큼의 간편한 복장을 하는 것이 현명하다. 그리고 새벽녘에는 날씨가 쌀쌀하므로, 외투나 스웨터를 준비하는 것이 좋다. 쥬벌뜨의 루트는 긴 데다, 사람들로 북적대니 편안한 신발을 신어야 한다. 그리고 호루라기를 가지고 와서 그들이 호루라기를 불 때마다 함께 따라 불면서 축제에 동참해 보는 것도 좋다. 많은 스틸 밴드Steel Band가 참여해 생활에서 사용하는 도구를 가지고 연주를 위한 리듬을 만들어 내는데, 사람들은 호루라기나 병·스푼과 같은 도구를 가지고 파티를 들썩이게 한다. 그야말로 형식에 구애를 받지 않는 자유분방한 축제다.

웨스트 인디언 아메리칸 데이 카니발은 3백만 명 이상의 관중과 참여자를 불러 모아 뉴욕에서 열리는 퍼레이드 중 가장 큰 규모에 속한다. 아름답고 화려하고 정교하게 디자인된 의상이 선보여지고 수많은 가장 무도회와 라이브 공연이 펼쳐진다. 거리에는 음식·공예품·책·옷·예술품·보석류 등을 파는 노점상이 늘어서 있다. 퍼레이드는 11시에 시작해서 6시에 끝난다. 브루클린 도서관 앞에서는 라이브 공연이 있다. 퍼레이드 루트는 로체스터Rochester와 이스턴 파크웨이의 코너에서 시작해서 그랜드 아미 플라자에서 끝이 난다.

Obama 2012
OBAMA

　퍼레이드를 제대로 즐기려면 일찍 도착해서 행렬이 잘 보이는 곳에 자리 잡아야 한다. 편한 복장을 입고, 편한 신발을 신는 것도 좋다. 몇 시간 동안이나 햇볕 아래 군중 속에서 지치지 않으려면 물도 준비하면 좋다. 아무리 고된 일상으로 매일매일을 지내는 사람들도 축제 중에는 찌푸린 얼굴을 하는 사람이 없다. 이 날 만큼은 캐리비안 출신의 사람들 모두가 거리로 나와서 마음껏 즐기는 날이다.

　이 퍼레이드에는 카리브해 사람들의 열정과 아름다움을 볼 수 있어서 좋다. 그들의 몸 동작, 헤어 스타일, 햇볕에 그을린 근육질의 몸……. 그들의 몸은 자연이 준 선물인 것 같은 생각이 든다.

　이날은 춤과 음악, 요란한 의상이 가득한 퍼레이드뿐만 아니라, 그들의 다양한 음식을 맛볼 수 있는 날이기도 하다. 거리에 나온 노점과 한편에서는 깡통을 개조해 만든 그릴에 연기를 피우고 바베큐를 굽는다. 지금 와서 다시 생각해 보면 내 자신의 열정이 놀라울 때도 많다. 우리나라에는 많이 알려지지 않았지만, 노동절에 브루클린, 크라운 하이츠에서 열리는 웨스트 인디안 아메리칸 데이 퍼레이드에는 정말로 원색적이고 열정적인 광란의 축제다운 축제가 벌어진다.

아프리칸-아메리칸 데이 퍼레이드

African-American Day Parade

언제 9월 말에

어디서 아담 클레이튼 포웰 블러바드의 111가와 142가 사이, 그리고 5번가에서

우리는 미국 흑인들의 비극적인 역사에 대하여 아는 것이 그리 많지 않다. 또 우리는 피부색이 검다는 이유로 종종 편견을 가지고 그들을 대하게 되기도 한다. 그리고 오늘날까지 미국 사회는 미국 흑인들의 비극적인 역사에 대하여는 피하고 싶어하고, 침묵하게 되는 것도 사실이다.

아프리칸 아메리칸African American이라는 말은 미국에 사는 흑인들을 부르는 말로 가장 많이 사용된다. 그 외에도 블랙 아메리칸Black American, 아프로-아메리칸 Afro-American, 아메리칸 니그로라는 말로 불리기도 한다. 이들은 모두 서부와 중앙 아프리카, 사하라 사막 이남에 뿌리를 두고 있는 미국에 살고 있는 사람들을 말한다. 아프리칸 아메리칸은 미국에서 두 번째로 많은 인종이다.

미국에서의 흑인들의 역사는 16세기에 스페인과 영국의 식민지 땅에 강제로 끌려온 노예의 역사로부터 시작된다. 하지만 미국이 독립을 한 후에도 흑인들은 계속 노예나 하급의 신분으로 남아 있었다. 이러한 신분은 흑인들의 남북전쟁 참여, 인종차별에 대한 투쟁, 민권 운동 등으로 차차 변화되었다. 아프리카계 미국인이라는 용어는 지리적인 기반을 두고 만들어진 용어이고, 그 이전에 피부색을 근거로 경시되어 불리던 블랙 아메리칸이라는 용어를 대신하게 되었다.

이들이 맨 처음 노예 신분으로 미국 땅에 온 것은 16세기 초이며, 오늘날 사우스 캐롤라이나 지역에 도착했다. 그러나 그 당시 노예들은 반란을 일으켜 모두 도망쳤다.

"

최초로 유럽인들이 영구적으로 정착한 곳은 플로리다였다. 1565년 이곳에서는 노예가 아닌 몇몇의 자유로운 신분의 흑인들이 있었다는 기록이 남아 있다.

영국에서 건너온 사람들은 척박한 환경 때문에 많이 사망하였고, 그 때문에 더더욱 아프리카인들의 노동력을 필요로 하였다. 아프리카인들은 이 새로운 땅에 도착하면, 교환 계약서에 사인을 했다. 보통 땅 소유주들은 노예들을 선장에게서 사들이는데, 노예 한 사람 당 거의 9개월의 수입에 가까운 돈이었다고 한다. 이렇게 고용된 하인들은 백인이든 흑인이든 보통 4년에서 7년을 급여를 받지 않고 일했고, 계약 기간이 끝나면 자유로운 신분이 되었는데, 풀려날 때 약간의 현금과 생활용품이 지급되었다고 한다.

계약된 하인의 직위는 노예와 비슷하였다. 하인들은 돈을 주고 사거나 팔 수 있었다. 그리고 불복종적이거나 도망을 칠 경우엔 육체적으로 고문을 당할 수 있었다. 하지만, 노예와는 다르게 계약이 끝나면 자유의 몸이 되고, 아이들에게 신분이 세습되지 않았다.

아프리카인들은 자유를 얻기 위해서 법적으로 작물과 가축을 기를 수 있었다. 그리고 그들은 가족을 이룰 수 있었다. 그들은 주로 아프리카인들, 미국 원주민들, 또는 영국 정착인들과 결혼하였다. 1640년대에서 1650년대 사이에 몇몇 아프리카인들은 제임스타운 근처에서 농장을 소유하고, 부를 축적하고, 계약 노예를 사기도 했다. 그리고 1619년에 다른 20명의 아프리카인들과 같이 도착한 '앤서니 존슨Anthony Johnson'은 법적으로 최초로 노예를 소유한 흑인이었다. 1655년 '존 케이서John Casor(흑인)'는 최초로 법적으로 노예로 등록되어 흑인이 한시적인 계약의 하인 신분이 아닌 영구적인 신분의 노예제가 시작되었음을 알려준다.

인종을 기반으로 한 노예 시스템에 대한 개념은 18세기가 될 때까지 완전히 발달하

지 않았다. 네덜란드 서인도회사는 1625년에 지금의 뉴욕 시인 뉴암스테르담으로 11명의 흑인 노예를 수입했다. 그러나 식민지 시대의 노예는 뉴암스테르담이 영국에 함락당함으로써 해체되었다.

그러다가 1641년에 매사추세츠에서 법적으로 노예제도를 만들었다. 1662년에 버지니아는 영국의 법 아래, 아버지보다는 어머니의 지위에 따라서 아프리카인들의 후예인 흑인 여자아이들을 노예화하는 법을 통과시켰다. 1670년에 기독교인들은 그들이 사들인 흑인과 인디언들의 자유를 금지하고 세례를 받게 하였다. 또한 그들은 그들 소유의 사람을 살 수 있도록 허락하였다.

1800년대 이전에 최초의 흑인 집회와 교회는 '대각성 운동Great Awakening' 을 조직하였다. 이 운동은 미국에서 주로 18세기 초기에서 19세기 말까지 서너 번에 걸쳐서 물결을 일으켰던 개신교 운동의 일종으로 구원과 부흥을 특징으로 한 '신앙 부흥 운동' 을 말한다.

아프리카인들은 미국의 식민지에서 20퍼센트의 인구를 차지하게 되었고, 영국인들 다음으로 다수 민족이 되었다. 1770년대에 아프리카인들은 미국 혁명을 도와서 영국을 패배시켰다. 또 아프리카계 미국인 '제임스 아미스테드James Armistead'는 1781년 '요크타운 승리Yorktown Victory'에서 커다란 부분을 차지했다. 이 승리는 미국이 독립 국가로 설립할 수 있었던 중요한 계기였다. 이때 전쟁에서 싸운 군인들의 3분의 1 이상이 흑인이었다고 한다. 그중 '프린스 위플Prince Whipple'과 '올리버 크롬웰Oliver Cromwell'은 유명한 아프리카계 미국인들이었다.

19세기 중엽에는 대서양의 노예무역으로 인해서 3백 50만 명의 아프리카인들이 노예화되었고, 동시에 50만 명의 아프리카인들이 미국 전역에서 자유롭게 살았다. 남북전쟁 동안인 1863년 링컨 대통령은 '노예 해방 선언Emancipation Proclamation'에 서명을 하였다. 실제로 이 서명으로 인해 모든 노예들이 자유의 신분이 되었다. 텍사스는 노예 해방을 실시한 가장 마지막 주였다.

그 이후, 아프리카계 미국인들은 자신들의 집회를 만들고 학교를 세웠다. 19세기 후반에 남부의 주들은 흑인들을 차별하기 위한 '짐 크로우 법Jim Crow Laws'을 제정하였다. 이 법은 학교, 공공시설, 주택에서 백인들과 흑인들을 분리하는 것을 말한다. 대부분의 아프리카계 미국인들은 인종차별적인 폭력에 희생되는 것을 원하지 않았기에, 짐 크로우 법을 따르고 준수하였다.

19세기의 마지막 십 년 동안 미국에서는 흑인들을 겨냥한 인종차별적 폭력이 엄청나게 많았다. 전국적으로 정부 차원에 의해 흑인들을 겨냥한 차별과 인종 폭력이 있었다.

미국 남부의 이러한 상황은 20세기의 '대이주The Great Migration'를 불러왔다. 대이주는 미국 남부에 사는 6백만 아프리카계 미국인들이 짐 크로우 법을 피해 더 나은 일자리와 삶을 찾아서 북부, 중부, 그리고 서부로 이동한 것을 말한다. 흑인들은 단결

하여 노예제도와 인종을 차별하는 법과 폭력에 맞서는 운동을 이끌었다. 이러한 상황은 존 F 케네디John F Kennedy와 린든 B 존슨Lyndon B Johnson을 대통령이 되게 만들었다. 린든 대통령은 흑인들의 정치적 참여를 강화하였다. 1966에 '블랙 파워 운동Black Power Movement'의 출현은 1975년까지 지속되었다.

전후 기간 동안 흑인들은 보통의 미국인들에 비하여 수입이 절반 수준에 머물렀고, 많은 수의 흑인들은 빈곤 계층으로 전락했다. 그러다가 1960년대에 많은 흑인들의 수준이 사회·경제적으로 향상되었다. 1960년대 말에는 교육 수준도 백인들에 비해서 겨우 반 학년 정도 뒤지는 수준이 되었다.

정치·경제적으로 흑인들은 전후 민권 시대 동안 크게 성장했다. 1989년에 '더글라스 와일더Douglas Wider'는 미국 역사상 최초로 아프리카계 주지사로 선출되었다. 2008년에 버락 오바마Barack Obama는 공화당의 존 맥케인John Mccain에 승리해 아프리카계 미국인으로서는 처음으로 대통령이 되었다. 흑인들의 95퍼센트가 오바마에게 투표를 하였고, 백인의 젊은 지식인층과 다수의 아시아, 히스패닉, 미국 원주민들이 그를 지지하였다. 그리고 4년 후에 다시 대통령에 당선되었다.

아프리카계 미국인들은 민권 운동 이후에 사회·경제적인 면에서 획기적으로 개선되었다. 그리고 최근 몇십 년 동안에는 미국의 중산층 진입이 매우 활발해졌고, 유래 없이 높은 수준의 교육에 접할 수 있게 되었다.

그럼에도 불구하고 노예제도와 인종차별의 유산으로 아프리카계 미국인에게는 여전히 유럽계 미국인에 비해서 경제적·교육적·사회적 불이익이 뚜렷이 남아 있다. 그 외에도 그들 사이에 많은 범죄와 빈곤과 약물남용의 문제를 가지고 있다.

아프리카계 미국인들의 가장 심각하고 오랜 문제 중 하나는 가난이다. 그 밖에도 결혼 문제의 스트레스와 이혼, 건강 문제, 낮은 교육 성취, 그리고 범죄에 쉽게 노출되

어 있다.

아프리카계 미국인들은 문학 · 예술 · 농업 기술 · 식품 · 패션 · 음악 · 언어 등 미국 문화에 대해서도 사회 · 기술적으로 혁신적인 기여를 했다. 대표적인 사람으로, 조지 워싱턴 카버George Washington Carver가 있다. 그는 노예로 태어났으며, 땅콩 · 콩과 고구마 같은 작물 연구를 하여 가난한 농부들을 위해 대체 작물을 개발하였다. 1853년에 조지 크럼George Crum은 포테이토 칩을 발명하기도 했다.

아프리카계 미국인은 미국 역사에 있어서 모든 전쟁에 참여했다. 시민의 권리와 블랙 파워 운동은 아프리카계 미국인을 위한 한정된 권리를 달성했을 뿐 아니라, 광범위하고 중요한 방식으로 미국 사회를 바꾸었다. 1950년대 이전 남부 흑인은 법률상 차별, 즉 짐 크로우 법의 대상이었다. 그들은 종종 극단의 잔악함과 폭력의 희생자로서 죽음을 당했다. 제2차 세계대전 때 아프리카계 미국인들은 오랜 불평등으로 인한 불만이 증폭되었다. 마틴 루터 킹 주니어Dr. Martin Luther King, Jr.를 비롯한 아프리카계 미국인들과 그들의 지지자들은 흑인들의 인권과 평등을 주장하였다.

민권 운동Civil Right Movement은 미국의 사회 · 정치 · 경제 및 시민 생활에 변화를 가져다주었다. 민권 운동은 보이코트, 즉 부당한 행위에 대항하기 위하여 정치 · 경제 · 사회 · 노동 분야에서 조직적 집단적으로 벌이는 거부 운동 · 연좌 농성 · 시위 · 법정 시위 같은 행동을 하게 하였다.

이러한 민권 운동은 미국의 삶과 법으로부터 인종차별을 완화시켰다. 흑인들의 인권 운동은 미국 사회에 있어서 '자유로운 연설 운동Free Speech Movement', 장애인 · 여성 · 원주민 · 이민자를 위한 운동을 포함하는 시민권과 사회적인 평등을 위해 투쟁하는 그룹과 운동에 많은 영향을 주었다.

아프리칸 아메리칸이라는 용어는 중요한 정치적인 의미를 지니고 있다. 이전의 흑인이라는 용어는, 아프리카계 미국인의 선조를 지칭하기보다는 피부 색깔에 더 많은 의미를 두었다. 어두운 피부색을 가진 사람들은 식민지 지배층들과 유럽계 미국인보다 법적으로 하위에 두었다. 색이 있는, 색을 가진 사람coloured, 혹은 니그로negro라는 용어는 백인우월주의와 억압의 도구로 사용된 각종 법률과 법적 표현에 포함되었다. 그리하여 미국에 있는 흑인들 사이에서는 그들 자신을 지칭하는 용어를 스스로 선택하고 싶어하는 욕구가 자리잡기 시작했다.

1960년대 후반에서 1970년대 초기의 정치적·사회적 동요로부터 드러난 정치적인 의식은, 흑인은 더 이상 니그로의 용어로 규정되지 않는다는 것이었다. 그들은 심지어 『엉클 톰의 오두막Uncle Tom's Cabin』에서 나오는 '엉클 톰'은 너무나 백인들에게 온건적이고 융화적인 생각을 가졌다고 생각했다. 특히나 그러한 의식은 젊은 아프리카계 미국인들에게 그들의 검음, 아프리카 대륙과 그들의 역사적·문화적 결속과 같은 정체성을 확인하는 도전적인 것이었다.

그 시기에는 앵글로 아메리칸Anglo-American처럼 줄여 일부는 아프로 아메리칸Afro-American이라는 용어를 사용하기도 했다.

또 많은 아프리카계 미국인들은 다른 많은 소수 그룹의 나라들과 같은 방법으로 만들어진 용어를 선호하기를 바랐다. 예를 들어 아일랜드계 미국인이나 중국계 미국인이라는 용어를 사용하는 것처럼 그들도 자신들의 나라 이름을 붙여서 명칭을 만들기를 바랐다. 하지만 일부에서는 세부적인 나라의 명칭을 사용함으로써, 납치와 노예화와 같은 역사적인 사실이 무시되어질 수 있고, 대부분의 아프리카인들은 그들의 조상을 세부적으로 추적할 수가 없기 때문에 반대하였다. 그래서 그들은 '아프리카계 미국인' 이라는 명칭을 사용함으로써 범 아프리카를 표방하며 아프리카의 긍지를 표현하고, 아프리카 소수 민족들의 단결을 표방하는 의미가 되기를 바랐다.

사실 미국에 사는 아프리카계 미국인들은 대부분 인종적으로 혼합되어 혼혈인인 경우가 많다. 예를 들어, 노예 해방 선언 이후에 중국계 미국인 남자들은 미국에서 중

국계 미국 여성을 구하기가 힘들어서 아프리카계 여성과 결혼한 경우가 많았다.

일부에서는 버락 오바마 대통령은 케냐 이민자의 아들이기에 아프리카계 미국인이지만 미국 흑인을 대변할 수 있는 흑인이 아니라고 말하기도 한다. 또 모든 아프리카계 후손들을 하나의 독특한 선조들로 묶어서 한 그룹으로 만드는 것이 미국 공동체 내에서 흑인 노예에 대한 과거를 쉽게 잊게 하고 부정하게 하는 것이라고 말하기도 한다. 때로는 처참했던 노예 생활과 관련이 없는 오바마를 '매직 니그로Magic Negro'라는 말로 표현하기도 한다. 매직 니그로는 미국 할리우드 영화에서 홀연히 나타난 흑인 배우가 그의 신비스러운 능력으로 백인들의 문제를 해결해 주는 캐릭터

　를 말한다. 이러한 매직 니그로의 등장과 역할은 과거의 노예제와 인종차별에 대한 죄책감을 누그러뜨리기 위한 역할을 하곤 한다.

　20세기 말에, '니그로' 는 흑인들을 경멸하는 의미로 받아들여졌다. 따라서 이 단어는 젊은이들 층에서는 거의 사용하지 않게 되었지만, 남부의 구세대 층에서는 여전히 남아 있다. '니그로' 는 검정색을 말하는 스페인어와 포루투갈어 단어이다. 하지만, 라틴아메리카와 같이 라틴어를 사용하는 지역에서 니그로가 흑인을 의도적으로 경멸하는 의미는 아니다.

　한편 고의적으로 아프리카계 미국인들에게 모욕을 주는 용어들이 종종 있다. 예를

217

들어 니거nigger깜둥이라는 말이 있다. 20세기 말이 이전에는 이 말이 일상적으로 쓰였지만 점점 용납할 수 없는 단어가 되었다.

팬 아프리카 깃발Pan-African Flag은 아프로-아메리칸 깃발로, 흑인 해방을 나타낸다. 깃발은 붉은색, 검정색, 녹색의 세 가지 색으로 구성되고, 같은 크기로 수평으로 나누어졌다. 이 깃발은 아프리카와 팬-아프리카 사상범 아프리카 사상을 표방하는 것으로 사용되고 있다. 붉은색은 아프리카를 조상으로 가진 모든 사람들을 묶는 고귀한 피를, 검정색은 아프리카 사람들을, 녹색은 아프리카의 풍요로운 땅을 나타낸다. 깃발은 후에 흑인의 자부심을 뜻하는 아프리카 출신들의 상징이 되었고, 1960년대의 흑인 해방 운동에서 각광을 받았다. 이후에 미국에서 더 널리 사용되고 있다. 이 깃발은 마틴 루터 킹 주니어 데이, 민권 집회 및 기타 아프리카계 미국인들을 위한 특별 행사에서 볼 수 있다.

최초의 '아프리칸 아메리칸 데이 퍼레이드'는 할렘에서 1969년 9월에 개최되었다. 첫 번째 사령관은 하원의원 아담 클레이튼 파월 주니어Adam Clayton Powell, Jr였다. 퍼레이드는 111가와 7번가 사이에서 시작하여 142가에서 끝이 났는데, 뉴욕에서 아프리카계 미국인들을 대표하는 지역인 할렘으로 선택되었다.

퍼레이드의 목적은 미국 전역과 세계적으로 뛰어난 아프리카인들의 업적을 경축하기 위한 것으로, 아프리카계 미국인들의 화합, 존엄과 긍지를 표현한다. 퍼레이드는 아프리카 사람들에게 조직의 인사·연예인·지역 사회 지도자들과 함께 보다 높은 목표를 향한 동기를 불어넣어 주기 위한 것이며, 아프리카계 미국인들의 업적과 성과를 보여주는 장이 되기도 한다.

　과거의 행렬 중에는 덴젤 워싱턴Denzel Washington, 하원의원 아담 클레이튼 파월 주니어, 시장 데이비드 딘킨스David Dinkins, 여성 하원의원 셜리 치솜Shirley Chisholm를 비롯해 조니 코크란Johnnie Cochran, 스파이크 리Spike Lee, 퀸 마더 무어 Queen Mother Moore, 오시 데이비스Ossie Davis, 루비 디Ruby Dee, 폴 윈필드Paul Winfield, 멜바 무어Melba Moore와 같은 유명 인사들이 다수 참여하였다. 그리고 많은 음악계의 유명 인사들도 퍼레이드에 참가했다.

　퍼레이드는 대표 단체들, 기관들, 여러 주에서 온 밴드와 함께 펼쳐지는 국가적인 행사이며, 미국에 있는 흑인 조직의 가장 큰 단면을 보여주고 있다. 2011년에는 90만 명 이상의 관중이 퍼레이드에 참석했다.

　2013년의 이벤트는 아프리카 대륙과 아프리카 후손들을 축하하는 아프리카 연합 50주년을 기념하는 것이었고, 이 해에는 특히나 넬슨 만델라Nelson Mandela, 콰메 은크루마Kwame Nkrumah와 파트리스 루뭄바Patrice Lumumba와 같은 아프리카 지도자를 기렸다.

　미국 사회에서 사실은 아프리카계 흑인들이 많은 부분을 차지하고 있음에도 불구하고, 나는 그들에게 그동안 무관심했다. 요즘은 사회 각 방면에서 아프리카계 미국인들의 진출이 크게 두드러져 보인다. 그들의 그늘진 역사는 늘 도시의 뒷골목에 가려져 있는 것 같았다. 그들은 이런 퍼레이드를 통해서 그들 스스로를 단결하게 만들고, 그들이 주최하는 다양한 문화 이벤트를 통해서 사람들에게 그들 문화의 우수함을 알린다. 기회가 있다면 행사가 열리는 할렘에 들러서 아프리카계 미국인이 속한 미국 사회의 한 단면을 보는 것도 좋은 경험이 되리라 생각된다.

한국의 추수감사절 축제와 퍼레이드

Korean Harvest Day Festival and Parade

언제 10월 첫 번째 일요일 오전 10시에서 오후 7시(퍼레이드는 정오에서 2시까지)

어디서 브로드웨이의 41가와 23가 사이에서

●●●

한국인들의 미국 이민 역사는 1백 년이 조금 지났다. 우리 한국인들은 하와이의 사탕수수 농장에서 이민 생활을 시작하였다. 이민 초기에 한국인들의 힘들었던 생활은 당시 기록이나 자료들을 통하여 엿볼 수 있다. 현재 미국에 살고 있는 한국인의 수는 2백만 명을 넘고 있다. LA · 뉴욕 · 시카고 · 워싱턴 등 미국 어디를 가더라도 한국인들을 쉽게 볼 수 있으며, 전자 제품 및 휴대폰 시장에서는 삼성 제품이 가장 눈에 띄는 곳에 자리잡고 있고, 도로 곳곳에서 현대 자동차를 볼 수 있다. 1백여 년의 짧은 기간이지만, 우리 한국인이 이루어 낸 미국 이민 역사는 결코 작은 것이 아니다.

1백 년 전 한국과 하와이의 만남. 그 만남은 역사적으로나 한국 해외 이민사의 의미로 보나 참으로 깊은 뜻을 가지고 있다. 하와이 초기 이민을 통해서 한국 사람이 태평양을 오갈 수 있는 새 다리가 놓여졌고, 조용한 아침의 나라는 미국과 한 세기 동안 교류를 이어왔다.

한국 역사상 첫 공식 이민의 땅이 바로 미국이었고, 지난 한 세기 동안 인적 · 물적 교류를 통해서 두 나라는 가장 가까운 이웃이 되었다. 또한 초기 이민 시절 하와이는 한국 독립운동의 요지였다.

한인들의 미국 이민은 20세기 초 하와이 사탕수수 농장에서 일을 하기 위한 노동자로, 고등 교육을 위한 학생으로 약 100명이 미국에 도착한 것으로 시작되었다. 1903년에서 1905년 사이에 7천 2백 명의 한국인들이 사탕수수 농장에서 일하기 위해 하와

이에 왔다. 그들 중 대다수는 남자였고, 그들은 결혼을 위해서 한국에 있는 여자들과 사진을 교환했다. 그래서 사진으로 결혼이 이루어졌기에, 한국에서 온 여자들을 '사진 신부Picture Bride' 라고 했으며, 곧 1천 명의 한국 여성이 도착했다. 출입국의 첫 번째 물결은 크게 노동 채용자에 의해서 뿐만 아니라 선교사에 의해서 장려되었다. 그래서 당시 한국에서는 소수의 사람이 개신교였던 반면, 실제로 미국에 온 한인 이민자는 약 40퍼센트가 개신교였다.

이민의 첫 물결은 갑자기 중단된 것은 1905년, 일본이 한국을 보호국으로 만들기 위해 한국 이주 사무실의 문을 닫으면서부터였다. 그리고 미국 내에서 일본인의 이민을 제한하는 미국과 일본의 1907년 신사협정은 한국인들에게도 적용되었다. 이 협정 역시 일종의 반 이민 정책의 하나였다. 미국 의회는 1920년과 1924년에 매우 제한적인 이민법을 제정하였다. 그 결과 1940년대 후반까지는 소수의 한국인들만이 이민 올

수 있었다.

  대부분의 초기 한인 노동자들은 소작농으로 쌀·과일·야채 등을 재배하는 농업에 종사하였고, 많은 여자들은 서비스 업종에서 일했다. 소수의 한인들은 채굴 및 철도 공사 일을 했다. 하지만 한인들 중에서는 1910년대 초기에 이미 큰 농장을 소유한 기업가가 등장했고, 1930년대에 일부 성공적인 레스토랑, 식료품 업체 및 다른 작은 기업들을 소유한 한인들이 로스앤젤레스 주변에 등장했다. 1940년대에는 소수의 한인들이 의학·과학 및 건축 분야의 전문인이 되었다.

  그럼에도 불구하고 20세기의 전반에 걸쳐 대부분의 한인들은 언어와 문화적 장벽의 어려운 생활을 견뎌야 했다. 1920년대에는 미국내에서 과격한 인종차별이 넓게 퍼져 있던 시대였다.

  1952년까지 미국 정부는 한인 이민자 1세대가 미국 시민이 될 권리를 거부하였다. 캘리포니아는 교육·세금·라이센스 및 임대 정책면에서 차별을 했다. 시간이 지남에 따라 한인들은 점점 더 전국으로 퍼져나갔고, 한인들끼리 혼인을 하여 미국 사회에서 더 폭넓게 중산층의 삶을 이끌었다.

  한인들의 두 번째 이민의 물결은 1945년과 1965년 사이에 이루어졌다. 미국 군인과 결혼하여 미국으로 이민을 온 2만 명의 한국 여성과 전쟁 고아로 구성되었다. 그리고 소수지만, 전문적인 직종의 한인들도 미국에 왔는데, 이들은 원래 학생으로 왔다가 미국의 영주권자나 시민권자가 되었다.

  1965년에는 10만 명으로 추정되는 한인들이 미국에서 살

왔다. 한인 이민자의 지속적인 유입은 1965년 이민법의 가족 재결합을 위한 획기적인 조항이 발효됨으로써 이루어졌다. 1965년 이민법은 미국에 입국할 수 있는 아시아인들의 숫자를 제한했던 쿼터제를 폐지했다. 이로 인해 몇몇의 북한 출신을 포함한 많은 한국인 이민자들이 대거 미국에 입국했다.

1975년 이후 이민자의 대부분은 더 나은 경제적 기회, 정치적 또는 사회적 자유, 직업에 대한 꿈을 이루기 미국에 왔다. 한국계 미국인 성인 대다수는 도시 중산층 배경을 가진 대학 교육을 받았다. 약 20퍼센트는 의학·과학·공학·금융 등의 전문가가 되었다. 하지만 여전히 대다수가 소규모 사업을 하고 있었다.

한인들의 25퍼센트는 대부분 세탁업에 종사하거나 식료품 및 델리 사업을 했다. 한인들은 도시에서 일주일에 6일 또는 7일, 그리고 하루 24시간 문을 여는 가게를 운영하거나 그곳의 종업원으로 일했다. 그들 새로운 이민자의 70에서 75퍼센트는 하와이 이민의 조상들처럼 신앙적인 믿음을 위해서 뿐만 아니라, 정신적인 활력과 공동체의 유대를 위해서 기독교 교회에 다녔다.

한국인들은 약속된 땅의 경건함과 희망으로, 버려진 도시에서 모험을 했다. 하지만 아메리칸 드림을 일구던 한국의 이민은 1987년에 정점에 이른 뒤부터 감소세를 보이기 시작했다. 1970년대와 1990년대 사이의 한국 생활 수준이 급격히 상승하기도 했고, 부분적으로는 1992년에 발생한 로스앤젤레스 폭동 때문이었다. 한인들은 대부분 흑인들의 인구가 현저하게 많은 지역에서 사업을 시작했다. 이러한 일들은 때때로 흑인들과 사이에 긴장을 불러일으켰다.

한국인들은 종종 사회·경제적인 면에서 또 교육 수준의 면에서 우수함을 보여주는 모델이 된다. 1980년대 전반에 걸쳐서 지금까지, 한국인들을 포함한 다른 동아시아 그룹은 명문 대학에 입학하고, 의학·법률·컴퓨터 과학·금융 등의 분야를 포함하여 전문적인 화이트 칼라 노동력의 비중이 계속해서 높아지고 있다.

최근 몇 년 동안 멕시코계 한국인들, 브라질계 한국인들 등의 한인들이 미국으로

이민을 오게 되고, 그 결과 미국에 사는 한인 사회가 더욱 다양해졌다. 2000년대 초에는 다수의 유복한 한국계 전문 직업인들이 뉴저지, 버겐 카운티에 정착했다. 그리하여 한인 부모 파트너십 기관, 뉴저지의 한국계 미국인 협회 등을 포함한 다양한 학문적이고 공동체적인 후원 기관들이 생겨났다.

한인 인구는 21세기 초 약 1백 30만 명으로 비약적으로 늘어났다. 한인들은 종종 한국인 동료 이민자와 어울리면서 지역 한인 모임이나 동창 클럽에 합류하고, 한국 음식을 먹고 한국 신문과 잡지를 읽고, 한국어 TV와 비디오 테이프를 시청하고, 한국 음

BIKE
ROUTE
BONO
PARADE FLOAT
PARADE
VEHICLE

LG
LG
Life's Good
Salutes THE KOREAN DAY PARADE

악을 듣고, 한국어 웹사이트를 체크한다. 한인 이민자들은 자녀의 문화 적응과 교육에 많은 중점을 두어 미국에서 태어난 그들 2세들의 대부분은 대학 학위를 취득하고, 많은 사람들이 대학원이나 전문가 과정을 이수했다. 그래서 재미 한인들은 안정적인 직업을 갖고, 자주 한국어와 한국 문화 유산을 배우는 데 투자를 한다.

한국계 미국인은 소수의 북한 출신과 대부분 한국에서 온 한국계 후예의 미국인들을 말한다. 한인 사회는 중국계 미국인, 필리핀계 미국인, 아메리칸 인디언, 베트남계 미국인에 이어 다섯 번째로 큰 아시아계 이민자 그룹이다.

한국계 미국인들이 많이 사는 열 개의 주는 캘리포니아, 뉴욕, 뉴저지, 버지니아, 텍사스, 워싱턴, 일리노이, 조지아, 메릴랜드, 그리고 펜실베니아이다. 그리고 한국인들이 사는 집중도 면에서 하와이 주는 한국계 미국인이 전체 인구의 1.8퍼센트로 아주 높다.

한인들은 뉴욕 시를 포함한 미국의 일부 도시에서 높은 인구를 나타낸다. 2010년

조사에 의하면, 한국계 미국인들이 가장 많이 살고 있는 가장 큰 두 도시는 로스엔젤레스와 뉴욕이다. 볼티모어와 워싱턴 메트로폴리탄 지역은 한국계 미국인들이 살고 있는 세 번째 순위의 지역이다.

2011년의 인구 조사에 의하면, 뉴저지의 버겐 카운티Bergen County는 한인들의 수가 6.9퍼센트로 미국에서 가장 많은 인구 비율을 차지하고 있다. 그리고 버겐 카운티에 있는 팰리사이드 파크Palisade Park는 인구의 52퍼센트가 한인들로 이루어져 한인들의 인구 밀도가 가장 높은 지역이다. 그리고 1990년대와 2000년대 사이에 조지아Georgia는 한국인 공동체가 가장 빨리 성장하는 주가 되었다.

그리고 재외 동포 재단과 외교통상부의 통계에 따르면, 10만 명 이상의 한국 어린이가 1953년과 2007년 사이에 미국 가정에 입양되었다.

2005년의 미국 인구 조사에 의하면, 미국에 사는 한인들 중에서 약 43만 명이 미국 태생이고, 약 97만 명이 외국에서 태어났다. 그리고 약 53만 명이 시민권자이고, 약

44만 명이 시민권자가 아닌 것으로 나타났다.

　미국에 살고 있는 많은 북한 출신의 한국 주민들은 한국전쟁 중에 남쪽으로 내려왔다가 미국으로 온 경우가 대부분이다. 그러나 약 1백 30명의 소수의 북한 사람들이 2004년의 북한의 인권 허용 이후에 난민으로 미국에 정착했다.

　미국에 사는 한인들은 미국에서 태어났는가, 또는 언제 이민을 왔는가에 따라서 영어 구사 능력이 다르다. 한인 이민자들은 한국어와 영어를 혼합하여 사용한다. 그리고 미국에 사는 한인들은 미국 내에서 그들의 사회적인 영향력을 보여주기 위해서 1월 13일을 한국계 미국인의 날로 선언했다.

　정치적으로 대다수의 한국계 미국인들은 2004년의 대통령 선거에서 공화당 후보 조지 부시를 제치고, 66퍼센트가 민주당의 존 케리를 지지하였다. 2008년 미국 대통령 선거에서, 또다시 한국계 미국인들은 공화당 후보 존 멕케인을 제치고 59퍼센트가 민주당의 버락 오바마를 지지하였다.

그러나 민주당에 등록된 한국인보다 여전히 더 많은 수의 한국인이 공화당에 등록되어 있다. 미국에 사는 한인들은 보수적인 공화당과 기독교적인 성향으로 인해 캘리포니아에서 헌법상 동성 결혼 금지하는 법안에 압도적으로 지지를 보냈다.

그럼에도 불구하고, 2012년 선거의 투표 결과에서 또한 오직 14퍼센트의 한국계 미국인이 공화당을 지지한 것으로 나타난 반면, 60퍼센트의 한국계 미국인은 민주당을 지지한 것으로 나타났다.

종교적으로 미국에 있는 한인들은 역사적으로 매우 강한 기독교 유산을 가지고 있다. 이들의 70에서 80퍼센트가 기독교로 확인되고 있다. 미국 전역에 약 2천 8백 개의 한국 기독교 교회가 있고, 약 89개의 불교 사원이 있다. 가장 큰 사원은 1974년에 설립된 로스앤젤레스 사찰이며, 약 2~10퍼센트의 소수 한인들이 불교 신자이다.

한국 이민자 가족들이 기독교로 전환하는 이유는 기독교적인 신앙뿐만 아니라, 이민자들이 필요로 하는 공동체적인 성격을 가지고 있기 때문이다. 그것에 비해서 불교

는 개인의 영적인 수련을 중요시하여 신자들을 개종시키는 조직력이 상대적으로 미약하다. 대부분의 미국에 사는 한인들은 전통적인 유교 의식인 조상을 위한 제사를 지내지 않는다.

'한인들의 요리' 는 미국 문화와 취향, 전통적인 한국 요리가 융합되어 '불고기 버거' 와 '코리안 타코Korean Tacos' 와 같은 요리로 변신되기도 한다. 이미 미국 전역에 매운 맛을 첨가한 요리들이 인기가 있고, 한국 음식은 로스앤젤레스와 뉴욕의 맨해튼, 버겐 카운티 포트 리의 팰리사이드 팍, 버지니아의 애난데일, 필라델피아, 애틀란

타, 달라스, 그리고 시카고와 같은 지역에서 주로 선보이고 있다.

한국인들이 많이 사는 뉴욕은 한국의 문화를 쉽게 접할 수 있고, 한국인들의 공동체가 있고, 한국인들이 목소리를 낼 수 있는 곳이라 좋다. 한국의 예술과 문화를 보여주는 코리안 데이 퍼레이드는 뉴욕 시의 거리에서 펼쳐지는 축제로서 10월의 첫 번째 토요일에 펼쳐진다. 코리안 데이 퍼레이드는 정오에서 오후 2시까지 펼쳐진다. 이 행사는 미국에 사는 한국 교민들이 여러 세대가 함께하는 기회를 마련해 준다. 그리고 뉴요커들에게 음악·음식·전통 복장·태권도와 같은 무술 등 한국 문화를 가까이서 접할 수 있게 한다. 이 행사는《코리아타임지》와 함께, 뉴욕의 한국 교민 협회가 주최가 된다.

1960년에 설립된 뉴욕의 한국 교민 협회 KAAGNY는 뉴욕에 사는 50만 명의 한인뿐만 아니라, 미국 전역에 사는 한국계 미국인들이 단결하여 정치적 권리를 내세우고, 그들이 미국 땅에서 꿈을 실현시키는 데 도움을 주기 위해서 만들어졌다.

한인 축제와 퍼레이드는 수백 개의 한인 사회 단체 및 기업과 제휴된 뉴욕협회의 수백의 자원봉사자에 의해 실행하는 연례 행사이다. 한국의 축제와 퍼레이드의 목적은 한인들간에 문화를 공유하고, 지역 사회에 한국 문화를 인식시키는 것이다. 축제의 수익금은 학생들을 위한 연례 장학 기금이나, 봉사 프로젝트와 벤처 자금으로 사용하거나 뉴욕에 있는 한인 커뮤니티를 위해 사용된다. 행사 중에는 독도 캠페인이 벌어지는데 경북 도청·서울시·재외 동포 재단·뉴욕의 한국 문화원·뉴욕의 대한 민국 총영사관·부산 문화 재단에서 후원하고 있다.

퍼레이드 중에는 조선통신사를 나타내는 전통 의복 차림의 행렬이 있다. 조선통신사는 과거 한국에서 일본으로 보낸 외교사절단을 말한다. 136명의 외교와 문화의 대표 사절단이 퍼레이드를 위해서 한국에서 뉴욕으로 온다. 이러한 대표 사절단이 과거 한국과 일본 사이의 우호를 구축하기 위해서 보내진 것처럼, 한국은 뉴욕에 대표 사절단을 보냄으로써 미국에 평화의 메세지를 전달하기 위하여 참여하는 것이다.

한국의 축제와 퍼레이드는 음식·무용·예술·음악·엔터테인먼트를 통해 고유한 한국 문화를 선보인다. 축제의 프로그램은 매년 다르지만 태권도 시범·전통 다도·부채춤·소고춤과 같은 공연이 있다.

'서울의 맛'이라는 표제 아래, 한국의 퍼레이드와 축제는 뉴요커들에게 한국의 음식과 예술에 대한 소개와 홍보를 하며 서울이라는 도시가 어떤 곳인지 이해를 돕는 데 중요한 역할을 한다. 거리 축제는 5번가와 6번가 사이에 있는 32번가에서 열리고, 서울에서 일어나는 행사와 관광에 대한 자료를 뉴요커들에게 전해 준다. 서울 국제 불꽃 축제, 아시아의 10개국 이상이 참가하는 아시아 가요제, 서울 연등 축제와 같은 행사도 열린다.

퍼레이드 안에는 천 개의 한인 사업체·종교인·예술인·스포츠와 시민 그룹 등의 비영리 단체들이 참여하며, 이 단체들은 뉴욕 시에 살고 있는 약 50만 명에 이르는 한인들을 대표하고 있다.

날씨가 청명한 가을날에 한국이 아닌 곳, 특히나 세계 제일의 도시라고 할 수 있는 뉴욕에서 한국의 가락과 장단을 듣는 것은 멋진 일이다. 한국 사람들은 진취적이고 세계를 넓게 쓰는 민족 중의 하나다. 이제 세계 어느 곳을 가도 한국 사람들의 발길이 닿지 않는 곳이 없을 정도이고, 특히나 뉴욕은 한국인들의 인구가 많은 곳이다. 거주

GSM PHONES
SAMSONITE
PASSPORT PICTURES · 1 HR. PHOTO
(212)684-5555
CAMERAS & COMPUTERS
PUB
69

하는 한인 인구도 많지만 학위나 직장 때문에 머물고 있는 한국인들도 꽤 있다. 한국계 미국인들은 세계의 중심인 뉴욕에서 국제적인 감각을 익히고 공동체를 만들고 결속을 하고 지역 사회에 영향력을 준다. 또한 한국의 문화를 자연스럽게 국제 사회에 소개한다. 뉴욕의 코리안 퍼레이드와 같은 한인들의 축제를 통해서 한인들은 서로의 결속을 다지고, 힘든 이민 생활의 어려움을 같이 이겨나가기도 한다. 세계에서 모인 다양한 문화가 소개되고 다시 세계화가 되는 도시 뉴욕은 한국의 문화가 세계적으로 소개되는 데 중요한 도시이다. 그럼에도 불구하고 뉴욕뿐만이 아니라 미국에 있는 한인 타운들의 모습은 지금의 발전된 한국의 모습 그대로를 반영하지 못하는 것 같아 조금 아쉽다.

퍼레이드는 한국 정부와 미국에 진출한 한국 기업과 미국 내 한인 기업들, 그리고 재미 한인들의 후원에 의해서 이루어진다. 어떤 해는 거리를 지나가는데, 코리안 퍼레이드의 행렬이 지나가면서 멀리서 한국의 장단과 가락이 울려퍼져 나도 모르게 가슴이 벅차올랐다. 나도 소리가 나는 곳으로 가까이 가보았고, 뉴요커들은 지나가는 행렬을 관람하고 때로는 행렬을 따라가면서 그 장단과 가락을 녹음하며 사진에 담기도 하였다.

콜럼버스 데이 퍼레이드

언제 콜럼버스의 날(10월 두 번째 월요일, 공휴일) 오전 11시
어디서 5번가의 44가에서 79가까지, 그리고 이스트의 3번가로 향함

● ● ●

콜럼버스가 1492년에 미국을 발견했다는 것은 누구나 알고 있는 상식이다. 하지만
그가 탐험했던 미국 대륙은 이미 오래전에 발견되었다. 그가 미국 대륙을 발견했다는
것은 순전히 유럽인들의 관점에서다. 서구 제국주의의 경쟁이 확대되는 시점에 유럽
국가들은 다투어 무역의 경로를 찾고 식민지 설립을 하였다.

이탈리아 출신의 항해가 콜럼버스는 스페인 황실에 아시아로부터 들여오는 향신
료 무역에서 엄청난 수익을 약속한다는 제안을 하고 신대륙으로 갈 수 있는 경비를

지원받았다.

콜럼버스는 88명의 선원과 함께 1492년 8월 3일에 떠나서 10월 12일에 처음 새로운 대륙의 섬에 상륙하였다. 바다를 건너는 데에는 두 달 하고 9일이 소요되었다. 그 섬이 어느 섬이었는지는 정확하게 밝혀지지 않았지만, 바하마에 있는 섬 중의 하나였다. 그 후 한 달 안에 콜럼버스는 쿠바Cuba와 히스파니올라Hispaniola지금의 아이티를 발견했다.

1492년과 1503년 사이에 콜럼버스는 스페인과 신대륙 사이를 모두 네 번에 걸쳐서 왕복 항해를 했다. 하지만 네 번에 걸쳐 새로운 대륙을 항해하는 동안 콜럼버스는 이전에 여행했던 마르코 폴로와 다른 유럽 여행자들이 경험한 아시아에 대한 설명과는 반대되는 상황에 직면하였다.

그가 마주친 루카얀, 타이노, 혹은 아라와 등의 사람들은 평화로운 기질을 지니고 있었다. 콜럼버스는 다정한 그곳 토착민들의 금으로 된 귀고리와 장신구를 눈여겨보고, 금을 찾기 위해 그들을 좋은 기술을 갖춘 하인으로 만들었다. 또한 종교가 없는

A TRIBUTE TO
Live Sounds
Entertainment
For All Occasions
347-231-0228
www.LiveSoundsEnt.com
the COLUMBUS C

OPHER COLUMBUS
COLUMBUS CITIZENS FOUNDATIO
TEAM
DJ ROZZI
S Foundation   Salutes   COLUMBUS DAY

원주민들을 아주 쉽게 기독교인으로 만들었다.

1492년 크리스마스 날, 스페인으로 돌아오기 위해 출발한 산타마리아Santa Maria 호는 히스파니올라에서 침몰하였고, 1493년 1월 16일에 출발한 선박 니나Nina와 핀타Pinta는 3월 4일에 스페인으로 돌아왔다.

콜럼버스는 10명에서 20명 정도의 원주민을 데리고 스페인으로 돌아갔다. 그들 중에 오직 7, 8명만이 살아서 도착하였지만, 그가 새로운 육지를 찾았다는 이야기는 빠르게 유럽 전체에 퍼졌다.

첫 번째 항해 이후 콜럼버스는 새로운 세계를 향해 세 번의 항해를 더했다. 두 번째 항해는 1493년에 17척의 배를 가지고 출발했다. 그는 탐험을 하는 동안 히스파니올라를 식민지화하였고, 남미의 주요 대륙을 추가로 발견하였다. 그러나 중요한 사실은 그가 항해하는 동안 북미 대륙을 전혀 본 적이 없다는 것이다.

콜럼버스는 1493년 9월 24일, 17척의 배에 1천 2백 명과 새로운 세계에 영구적인 식민지를 설립할 수 있는 자원을 가지고 스페인의 카디스 항구를 떠났다. 승객들은 새로운 세계의 식민 지배자들이 될 성직자들, 농부들, 그리고 군인들이었다. 이것은 식민지 개척뿐만 아니라, 원주민을 기독교인으로 전환하게 할 임무의 시작이었다. 그때 동반했던 선원들 중에는 새로운 세계에 도착한 자유로운 신분의 흑인들이 포함되어 있었을 것으로 추측된다.

콜럼버스의 어린 시절 친구 마이클 다 쿠네오Michele da Cuneo는 두 번째 항해에 콜럼버스와 함께하였다. 그는 일지에서 콜럼버스가 납치한 토착민 여인을 그에게 성적 대상으로 제공하였다고 기록하고 있다. 이러한 사실은 신대륙에서 원주민 여자들을 대상으로 성적 유린이 발생했다는 사실을 증명해 준다. 그리고 그는 쿠바의 남쪽 해안을 탐험하였다. 그는 이곳을 아시아에 붙어 있는 반도의 일부라고 믿었다. 이 여

DON'T BLO
THE BO
FINE $2
ONE MAY
ONE
STONY BROOK UNIVERSITY
SB
SEAWOLVES
S
B
VIC

정에서 콜럼버스는 원주민과의 작은 전투를 치렀다. 그 전투로 타이노인들에게 그의 요새가 붕괴되었고, 그가 데리고 온 첫 번째 식민지 개척자들 중 11명이 죽었다.

1498년 5월 30일 콜럼버스는 스페인의 산루카에서 6척의 배와 함께 세 번째 여정을 떠났다. 세 척의 배는 충분한 필수품을 가지고 히스파니올라로 향했다. 그러나 새로운 식민지 개척자들은 그의 원칙을 어기고 반란을 일으켰다. 그들은 콜럼버스가 새로운 세계의 풍부한 재물에 대해 그들에게 제대로 알리지 않았다고 불만을 터뜨렸다. 콜럼버스는 불복종에 대한 벌로 선원들을 교수형에 처했고, 경제적 이익을 위해서 원주민들을 노예화하였다. 세 번째 항해가 끝났을 때, 콜럼버스는 육체적·정신적으로 노쇠하였고, 관절염과 안염으로 고생하였다. 그리고 식민지 개척자들은 원주민들에 대한 콜럼버스의 가혹한 행위와 식민지 관리에 대한 무능력에 대한 명목으로 그를 법원에 고소하기에 이르렀다.

1500년 스페인 왕실은 결국 그를 식민지 총독으로서의 지위를 박탈하고 체포해 사슬로 엮어서 스페인으로 이송하였다. 그는 후에 자유로운 몸이 되어 새로운 세계로 돌아갈 수 있었지만, 총독의 신분은 아니었다.

콜럼버스는 인도양 말라카 해협을 탐험한다는 명목으로 네 번째 항해를 했다. 그는 그의 이복동생 바르톨로메오와 디에고 멘데즈, 그리고 그의 열세 살짜리 둘째아들 페르난도와 함께 1502년 5월 12일에 다시 길을 떠났다.

자메이카에서 잠깐 머문 후 콜럼버스는 중앙아메리카를 항해하고 두 달 동안 주변의 섬들을 둘러보았다.

1502년 12월 5일에 콜럼버스와 그의 선원들은 이제까지 한 번도 경험하지 못한 심한 폭풍우를 만났다. 결국 그들 일행은 좌초되어 자메이카에 남게 된다.

좌초되어 있는 동안 그는 독일의 천문학자 레지오몬타너스의 천체력을 이용해 원주민들에게 월식을 예측해 주면서 그들의 도움을 받았다. 그리고 1504년 6월 29일에 그들을 구조해 줄 배가 도착하였고, 콜럼버스와 그의 부하들은 11월 7일에 스페인 산루카로 돌아왔다.

콜럼버스와 스페인 사람들은 식민지화하는 과정에서 수많은 원주민들을 집단 학살하였다. 그가 1508년에 히스파니올라에 처음 왔을때, 섬에는 인디언을 포함해서 6만 명의 사람들이 살고 있었지만, 1494년부터 1508년 사이에 그들 인구의 절반인 3만 명이 사망했다. 그들은 전쟁과 노예화되는 과정, 그리고 광산에서 일하다가 죽었다. 원주민들은 온화하고 평화로운 사람들이었다. 그러나 식민지 개척자들은 그들의 것을 약탈하고, 난도질하고, 파괴하였다. 콜럼버스는 왕을 기쁘게 하는 데 너무나 골몰

BERGDORF GOODMAN
CLEAR FIRE LANE FOR EMERGENCY VEHICLES
DON'T BLOCK THE BOX
FINE +2 POINTS
ONE WAY
ONE WAY

한 나머지 새로운 세계에 대해 돌이킬 수 없는 잔악한 범죄를 저질렀던 것이다.

그는 말년에 점점 더 종교적으로 되었다. 그는 첫째아들 디에고와 그의 수도사 친구 가스퍼 고리시오와 함께 두 권의 책을 냈다. 1502년에 『특권의 책Book of Privileges』은 스페인 왕실로부터 보상에 대한 자세한 조항을 기록한 책으로 그와 그의 상속인들의 권리에 대한 것이다. 그리고 『예언의 책Book of Prophecies』은 성경의 기독교 종말론을 배경으로 탐험가로서 그의 업적에 관한 것이었다.

콜럼버스는 말년에 스페인 왕실에 새로운 대륙에서 나오는 이익의 10퍼센트를 요구했다. 하지만 왕실은 더 이상 계약에 의해서 그와 엮이지 않았으므로 그의 요구를 거절하였다. 콜럼버스가 죽은 뒤 그의 상속자들은 새로운 식민지와의 교역으로 나오는 이익의 분배 문제로 왕실을 고소하였다. 그것이 이른바 유명한 '콜럼버스 소송Columbian lawsuits'으로, 법적 분쟁은 장기화되었다.

콜럼버스는 1504년 11월 7일에 마지막으로 스페인에 돌아왔고, 그의 나이 54세인 1506년 5월 20일에 스페인의 바야돌리드Valladolid에서 사망했다.

콜럼버스의 유해는 먼저 바야돌리드에 매장되었가 도미니카 공화국, 쿠바를 거쳐 다시 스페인으로 돌아갔다. 현재 그의 유해는 세비야 대성당Catedral of Sevilla에 안치되었다.

미국에서 그는 얼마만큼 중요한 존재였나. 1893년 시카고에서 콜럼버스의 상륙 400주년을 기념하기 위해서 '세계 콜럼비아 박람회World Columbian Exposition'가 열렸다. 6개월의 박람회 기간 동안 약 2천 7백만 명 가량의 사람들이 참석했다는 기록이 있다.

미국 우체국은 최초의 기념 우표 발행을 콜럼버스, 이사벨라 여왕, 그리고 그의 다양한 항해 모습을 묘사한 16개의 콜럼버스 시리즈를 만들었다.

콜럼버스는 오랫동안 대중문화에서 '미국의 발견Discoverer of America'으로 간주되었지만, 그의 진정한 역사적 업적은 미묘한 차이가 있다. 미국은 제일 먼저 토착민들에 의해서 발견되었다. 심지어 콜럼버스는 처음으로 미국을 발견한 유럽인이 아니었다. 미국 대륙은 그보다 5백 년 앞선 스칸디나비아의 바이킹에 의해서 발견되었으며, 그들에 의해서 만들어진 유럽인들의 최초의 정착지는 현재의 캐나다 북부에 있는 '랑스 오 메도즈L 'Anse aux Meadows'였다. 그러나 콜럼버스는 새로운 대륙을 유럽에 알리고, 지구의 두 광대한 대륙을 연결하여 새로운 거주지로서 오래도록 지속되게 했다는 사실에서 중요한 역할을 했다.

그럼 언제쯤 그가 발견한 대륙이 아시아의 일부가 아니라는 것에 인식을 하였을까. 콜럼버스의 첫 번째 미국으로의 항해에 동반했던 학자 아메리고 베스푸치Amerigo

Vespucci는 대륙이 아시아의 일부가 아닐 것이라는 것을 추측한 최초의 사람이었다. 콜럼버스가 죽은 지 1년 후인 1507년에 마르틴 발트제뮐러는 아메리고 베스푸치 의 라틴화된 이름, '아메리커스Americus' 라는 이름으로부터 나온, '아메리카America' 라고 불리는 세계 지도를 출판하였다. 하지만 그 당시에 동부에서 오스만투르크의 이스탄불 함락에 대한 유럽 법원의 집착으로 인해서, 콜럼버스에 의해 서부에서 발견된 미국 대륙에 대한 관심은 상대적으로 부족하였다고 한다.

영국은 콜럼버스를 경시하고 선구자로서 베네치아 태생의 존 캐보트John Cabot의 역할을 강조하지만, 새로운 독립 국가 미국이 탄생하면서 영국의 위임으로 북미를 발견한 캐보트는 초라한 영웅이 되었다.

새로운 세계의 창시자로서 콜럼버스의 이름은 '콜럼비아' , 또는 '콜럼버스' 라는 단어로 사용되었다. 콜럼버스의 이름은 미국 수도의 명칭District of Columbia으로 사용되었고, 오하이오와 사우스캐롤라이나 주 등 두 연방 도시의 이름이 되었고, 콜럼비아 강의 이름이 되었다.

가톨릭 교회에서도 성인의 후보로서 콜럼버스의 업적을 축하했다. 시카고에 있는 콜럼버스 엑스포지션과 뉴욕에 있는 콜럼비아 서클에는 그를 찬양하기 위해 그의 기념비가 세워졌다.

콜럼버스에 대한 견해는 이제 많이 바뀌어서, 아메리카 원주민들을 훨씬 더 중요시하는 경향이 있다. 이것은 히스파니올라의 원주민 타이노Taino 때문이다. 그들은 스페인 사람들과 접촉한 후, 특히 1519년 이후에 중노동과 질병으로 많은 사람들이 죽음을 맞았다. 80에서 90퍼센트의 미국 원주민 인구가 유행성 천연두로 사망하였다. 섬의 원주민 타이노 사람들은 에코미엔다Encomienda 체제에 의해서 노예화되었는데, 이것은 중세 유럽의 봉건 체제와 닮은 것이었다. 원주민들의 죽음에 대한 분석은 그들이 유행성 질병 때문이었는지, 유럽인들이 히스파니올라를 감독하고 식민지화하는 과정에서 죽었는지는 명확하지 않다.

1492년 콜럼버스의 미국 상륙은 캐나다를 제외하고, 스페인과 미주 전역에서 10월 12일에 이루어진 것으로 기록되고 있고, 미국에서는 매년 10월 두 번째 월요일에 경축된다.

일반적으로 '프리 콜럼비안Pre-Columbian' 이라는 용어는 주로 콜럼버스와 유럽인들의 후예가 도착하기 이전의 미국 사람들과 문화를 가리킬 때 사용된다.

기록에 의하면 콜럼버스는 붉은 혹은 금발의 머리였다가 일찍 희게 변했고, 아주 밝은 색의 눈과 피부를 가졌으나 후에 햇빛에 노출이 심해져서 얼굴은 붉게 변한 것으로 묘사된다. 콜럼버스는 키가 6피트 이상이며, 그 당시의 유럽인들에 비해서는 크고 건장한 사람으로 묘사되고 있다.

콜럼버스라는 중요한 역사적 인물은 소설에서, 영화나 TV, 그리고 무대 연극, 음악, 만화, 게임 등의 미디어 및 엔터테인먼트에서 자주 등장한다. 그중에서 1889년에 마크 트웨인Mark Twain이 쓴 『아서왕의 법정에 선 코네티컷 양키A Connecticut Yankee in King Arthur' s Court』 라는 소설이 있는데, 콜럼버스의 네 번째 항해에서 성공적으로 월식을 예측하는 여행자에 대한 이야기이다. 노벨문학상을 받은 이탈리안 극작가 다리오 포는 1958년에 콜럼버스에 대한 풍자적인 극을 썼는데, 『이사벨라, 세 척의 배, 그리고 사기꾼Isabella, Three tall ships and a Con Man』이라는 극을 썼다. 그리고 1992년 리들리 스콧에 의해서 영화화된 〈1492년 : 콜럼버스〉가 있는데, 이 영화에서 리들리 스콧은 그가 무자비하고, 아메리카 원주민의 불행에 대한 책임이 있다고만 보는 관점에 반대하는 미래 지향주의자로서의 콜럼버스의 모습을 그렸다.

새로운 세계의 발견과 함께 많은 나라들은 콜럼버스가 미국에 도착한 1492년 10월 12일을 기념하여 축하하고 있다. 미국에서는 콜럼버스 데이로 기념되고 있으며, 라틴 아메리카와 스페인의 다양한 지역에서 경축된다.

미국 사람들은 식민지 시대 이후부터 콜럼버스의 항해를 경축하였고, 벤자민 해리슨Benjamin Harrison 대통령은 400주년 콜럼버스의 날을 기념하고 축하하는 큰 행사

를 했다. 이러한 의식은 미국인들의 애국 의식을 고취시켰다.

많은 이탈리아계 미국인들은 콜럼버스의 업적을 축하하기 위해서 이날을 준수하고 있다. 최초의 행사로는 1866년 10월 12일에 뉴욕에서 열렸다. 1934년 4월에 프랭클린 드라노 루즈벨트Franklin Delano Roosevelt 대통령은 '콜럼버스의 날' 이라는 이름 아래 10월 12일을 연방 공휴일로 만들었다.

1970년 이후, 콜럼버스의 날은 10월 두 번째 월요일로 고정되었다. 그리고 일반적으로 은행, 채권 시장, 미국 우편 서비스, 다른 연방 기관, 대부분의 주 정부 사무실, 기업, 그리고 대부분의 학교에서 이날을 휴일로 지정하고 있다. 그러나 일부 기업 및

251

일부 증권 거래소는 문을 열고 있다. 또한 콜럼버스의 날은 미국 해병대의 기념과도 연관이 있다.

대부분의 주에서 콜럼버스의 날을 기념하는 것과는 반대로 하와이, 알래스카, 그리고 사우스다코타는 콜럼버스의 날을 전혀 기념하지 않는다. 하와이는 폴리네시안이 하와이를 발견한 날을 같은 날인 10월의 두 번째 월요일로 정해 '발견의 날'로 경축한다. 이는 콜럼버스의 미국 대륙 발견에 대한 사실과는 전혀 무관하다.

실제적인 콜럼버스 데이의 행사는 커다란 규모의 퍼레이드에서 소소한 이벤트까지 다양하다. 대부분의 주에서는 콜럼버스의 날을 공식적인 휴일로 경축하고 있다. 콜럼버스의 날 행사는 뉴욕 시가 전국에서 가장 규모가 크다.

콜럼버스가 미국에 도착한 날짜는 라틴아메리카의 여러 나라에서도 경축된다. 그리고 미국에서 몇몇의 라틴아메리카 공동체에서는 '인종의 날Day of the Race', 혹은 '히스패닉 사람들의 날Day of the Hispanic People'로서 경축되는데, 유럽인들과 원주민들이 만난 것을 기념하는 날이다.

이와는 반대로 19세기부터 콜럼버스의 날을 반대하는 운동이 있어 왔는데, 반대자들은 이날이 가톨릭이 전해진 날로 인식되는 것을 원하지 않는다. 오늘날에는 콜럼버스와 유럽인들의 미국 대륙 발견이 원주민들에게 끼친 잔혹한 영향 때문에 이날을 경축하는 것을 반대하는 움직임이 있다. 원주민에 대한 콜럼버스의 잔학함이 신화화되고 경축됨으로써 상쇄되기 때문이다.

일부 사람들은 콜럼버스의 캐릭터가 등장해 경축되고 있는 것에 반대하고 있다. 그는 놀라운 재능을 가진 선원이자 확고부동한 출세주의자로서 자신의 야망과 이익만을 추구한 인물이었을뿐, 그의 업적이 영웅화되는 것은 합당하지 않다는 주장이다. 하지만 20세기 후반이 되기까지 이 반대 의견들은 그다지 주목을 받지 못했다.

이러한 반대 운동은 주로 원주민 그룹에 의해서 주도되었다. 미국 대륙의 인디언들은 집회를 갖고, 콜럼버스 5백 주년 기념 행사를 자제할 것을 요구하였다. 한동안, 미

국에서는 콜럼버스가 원주민에 대한 노예화와 착취, 치명적인 질병을 새로운 대륙에 가져온 사실에 대해서는 전혀 인식되지 않았다. 그 대신 무지몽매한 대륙에 백인 문명의 위대한 부활을 시킨 것으로 그의 역할을 조명했다. 그래서 같은 역사적인 사실이라고 할지라도, 시대의 가치관과 관점에 따라서 그에 대한 평가가 달라지게 되는 것이다.

이렇듯 콜럼버스의 날을 경축하는 것에 대한 찬반이 엇갈리는 가운데 뉴욕에서 열리는 콜럼버스의 날 퍼레이드는 세계 최대의 규모를 자랑한다. 퍼레이드는 44가와 5번가에서 시작해 5번가를 따라서 북쪽으로 진행하여 72가에서 끝이 난다. 퍼레이드를 위한 관람석은 67가와 69가 사이 5번가에 위치한다.

콜럼버스의 날 퍼레이드는 1929년부터 뉴욕에서 있어 왔고, '콜럼버스 시민 재단 Columbus Citizens Foundation' 에 의해서 조직되었다. 퍼레이드에는 3천 5백 명 이상의 밴드, 그리고 수레 행렬과 파견단이 함께하고, 1백 개 이상의 단체가 매년 참여하고 있다. 퍼레이드는 거의 1백만 관중을 유치하고 있으며, 세계에서 가장 큰 이탈리아계 미국인들의 문화 축제이다. 콜럼버스의 날 퍼레이드는 매년 10월 두 번째 월요일에 열리고, ABC TV를 통해서 전국으로 방영된다.

콜럼버스의 날 퍼레이드는 매년 규모가 커지고 있고, 흥미 가득한 행사로 전 세계에서 모인 참가자들은 긍지를 가지고 참가하고 있다. 퍼레이드 위원회는 콜럼버스의 날 퍼레이드가 최고의 이벤트가 되게 하기 위하여 많은 재능있는 밴드와 연기자들이 함께 노력을 아끼지 않고 있다.

퍼레이드에서는 전통적인 민속 그룹이 전통 무용 등을 선보이고, 오늘날 이탈리아에서 유행하는 최첨단의 디자인 상품들이 행렬에서 보여진다.

내가 봤던 인상적이었던 장면은 이탈리아의 대표적인 스포츠 카, 페라리Ferrari가 무리를 지어 나타나 선보였고, 요리사 복장을 한 이탈리아 요리사들의 행렬도 뒤를 따랐던 것이 기억에 남는다.

어찌 보면 콜럼버스의 미국 발견을 이탈리아 이민자들이 경축하는 것 또한, 아이러니가 아닌가 생각해 본다. 콜럼버스가 지리적으로 현재의 이탈리아에 위치한 제노아 공화국에서 태어난 것은 맞지만, 그의 미국 대륙 항해는 스페인 왕실에 의해서 이루어졌기 때문이다. 심지어 일부의 사람들은 그가 이탈리아인이었는지 확실하지 않다는 이야기도 한다.

정작 이탈리아에서는 콜럼버스의 데이를 경축하지 않는다. 이러한 경축은 아일랜드인들이 그 당시 로마 지배하에 있는 브리튼의 북부지금의 스코틀랜드에서 태어나 아일랜드로 와서 그들을 교화시킨 세인트 패트릭을 경축하는 것과는 반대되는 이유로 비슷한 모습이라는 생각을 해본다.

255

빌리지 할로윈 퍼레이드

Villiage Halloween Parade

켈트족 전통에 의하면 11월은 '이승과 저승의 경계가 무너지면서 죽은 자들이 출몰하는 달' 이다. 그런 의미에서 켈트인들은 11월 1일, 사메인Samain 축제를 벌이며 죽은 영혼을 추모했다. 추수를 마친 11월 초부터 '카니발적인' 변장과 마스크를 쓰고 모험 여행은 이미 시작된다. 마을 청년들은 괴성을 지르며 쏘다닌다.

우리가 알고 있는 할로윈은 할로우의 이브이며, 10월 31일에 경축된다. 서구 기독

교에서 이날은 모든 성인할로우들을 위한 축제이고, 3일 간의 만성절을 시작하는 날이다.

　중세 사람들은 사람들과 어울려 놀기를 좋아했다. 그들은 주로 광장이나 선술집, 교회와 같은 공공장소에서 이웃들과 함께 어울리곤 했다. 사람들은 각자 개인적인 시간을 보내는 것보다는 같이 어울려 노는 것을 자연스럽게 생각했다. 중세에는 시대적 요인에 의해 상상으로 만들어진 공포가 많았고, 사람들은 그 두려움을 떨치기 위해서 대부분의 시간을 함께하였다. 그들은 교회에 모여서 같이 놀고 즐기곤 했다. 중세의 교회는 종교적 장소였을 뿐 아니라, 사람들이 놀이를 즐기는 등 많은 유희적인 행사가 벌어지는 장소이기도 하였다.

　중세가 되면서 교회 주변에는 공동묘지가 생기기 시작했다. 사람들은 묘지에 모여서 모닥불을 피우고 죽은 자를 위한 의식을 치르고, 해골로 분장을 하고 밤새도록 춤추고 소리를 지르고 놀았다. 이러한 관습은 오늘날까지 이어져 할로윈 축제가 되었다. 더욱이 14세기에 유행했던 흑사병으로 사람들은 죽음을 아주 가까이 생각하게 되었다. 중세에는 문화와 종교 등 모든 방면에서 죽음을 주제로 다루는 것이 유행하였다. 하지만 많은 학자들에 따르면 모든 할로우의 이브는 원래 서구 유럽의 수확의 축제이고, 다신교에 뿌리를 둔, 특히 켈틱인들의 사-윈Sah-ween으로 발음되는 사메인 즉, 죽음의 축제에서 영향을 받은 기독교화된 축제라고 말한다.

　여름이 끝나는 시점인 사메인에는 두 개의 세계가 아주 가까워진다고 믿었다. 이때는 초자연적인 힘이 강해지고, 유령들과 영혼들이 자유로워지는 때라고 믿었다.

　할로윈 축제를 즐기기 위해서 사람들은 트릭-오어-트릿Trick-or-Treat 놀이를 포함해서 의상을 입고 파티에 가고, 호박을 조각하여 잭-오-랜턴Jack-o'-Lantern을 만들고, 모닥불을 지피고, 애플 보빙Apple Bobbing을 하고, 유령의 명소를 방문하고, 못된 장난을 치고, 무서운 이야기를 말하고, 공포 영화 보기 등을 한다.

　할로윈이라는 단어는 16세기에 쓰여졌다. 할로윈은 기독교적인 단어임에도 불구

257

하고, 일반적으로 다신교적인 뿌리를 가지고 있다. 일부 민속학자들에 의하면, 그것
이 포모나Pomona라는 로마 축제에서 기원했다고도 한다. 포모나는 과일과 씨앗의
여신이었다. 포모나의 상징은 사과이고, 사메인의 축하와 합쳐져서 오늘날 할로윈에
행하는 사과를 이용한 '애플 보빙'에 대한 전통을 설명할 수 있다. 애플 보빙은 커다
란 욕조나 수반에 사과를 띄워 놓고, 그 사과를 이빨로 건져 내는 것이다. 이는 로마
의 포모나의 축제로부터 파생된 것으로 추측하고 있다.

민속학자들은 할로윈의 전통이 전형적인 다신교도인 켈트족의 죽음의 축제에서
기원했다는 것을 발견했다. 그 축제는 오래전 아일랜드로부터 유래된 것으로, 밝은
계절의 절반이 끝나는 것을 의미한다. 고대 켈트족의 지식층이던 브리튼에 있는 다신
교도인 드루이드Druid 들은 의식을 야외로 가지고 나온다. 그들은 일반적으로 희생
물을 제공하는 의식을 수행하였는데, 주로 곡물과 동물들, 때때로 인간을 희생양으로
삼았다. 의식은 주로 신을 달래어 겨울이 끝난 후에 태양이 돌아오게 하고, 악마의 영
혼을 내쫓기 위해서였다.

그것은 수확의 계절이 끝나고 겨울이 시작되는 지점, 혹은 그해의 어두운 절반을
의미했다. 이 시기는 저장을 위한 시간이고, 추운 겨울을 준비하는 시간이다. 그리고
소들을 들판에서 데리고 들어와서 도살을 하는 시기이다. 켈트족에 속하는 고대 아일
랜드의 게일Gaelic 족은 모닥불을 지피고, 의식을 치렀다. 한때 이 의식에서는 인간을
희생시키기도 했다. 또 예언의 게임, 혹은 의식들이 고대 켈트족의 의식인 사메인에
서도 거행되었다.

사메인(벨타인과 같은) 의식에서는 죽음의 영혼이 드나드는 또 다른 세계의 문이
열리고, 요정과 같은 존재들이 인간의 세계로 들어오게 된다. 죽음의 영혼들은 이승
으로 돌아와 그들이 전에 살던 집으로 다시 방문한다. 그래서 가정에서는 죽은 친척

들이 초대되어지고, 테이블에 그들이 앉을자리를 마련해 놓는다.

사람들은 사람들을 해칠 영혼의 분노를 가라앉히게 하거나, 혹은 받아들이기 위해서 유령이나 해골의 복장을 입었는데, 이것은 오늘날의 할로윈의 의상에 영향을 주었다. 20세기 이전에 스코티시 하일랜드, 아일랜드와 웨일즈 같은 곳에서 사메인 의상을 입었다.

하지만 일부의 의견은 여전히 이 의상을 입는 것이 기독교에서 유래된 것이라고 주장하고 있다. 할로윈의 기원도 기독교라는 의견도 있다. 할로윈은 11월의 모든 성인의 날들모든 할로우로서, 할로우마스Hallowmas, 또는 할로우타이드Hallowtide로서 알려진 만성절의 영향을 받았다고 생각하였다. 그들은 성인들을 추모하고 아직 천국에 닿지 못한 죽은 자들을 위해서 기도하였다. 이날은 8세기에 생겨났다. 또 이때 죽은 영혼이 복수를 위해 자신에게 다가오는 것을 피해 사람들이 그들 자신의 모습을 바꾸고

261

마스크나 의상을 입었다는 이야기도 있다.

트릭-오어-트릿은 전통적으로 할로윈에 행하는 어린이들을 위한 축제이다. 아이들은 의상을 입고 집집마다 방문하여 사탕이나 돈을 요구하면서 트릭-오어-트릿이라는 질문을 한다. 트릭이라는 말은 그들에게 대접을 하지 않으면 집 주인 혹은 그들의 집에 재앙을 내린다는 협박을 의미한다.

그렇다면 트릭-오어-트릿의 풍속은 어디에서 유래된 것일까. 19세기의 아일랜드 남부 연안에서는 한 남자가 하얀 암말의 옷을 입고 아이들을 선도하여 집집마다 다니며 음식을 구걸하였다. 집 주인들은 그들에게 음식을 제공함으로써 행운이 오기를 기원하였다. 또 18세기에 스코틀랜드의 모레이에서는 소년들이 그 마을에 있는 각각의 집을 방문하여 사메인 축제의 모닥불을 위한 연료를 구하러 다녔다. 트릭-오어-트릿은 이러한 관행에서 나온 것이다.

그렇지 않으면 그것은 기독교의 속죄 의식인 '소울링Souling' 이라는 관습에서 나온 것으로 본다.

12세기 말 유럽 전역에서는 의무적인 '거룩한 날Holydays of Obligation' 에 속죄를 위한 영혼에게 종을 울려주는 전통이 있었다. 그것이 '소울링' 이라는 세례를 베풀고, 소울 케이크Soul Cake를 굽는 풍습은 트릭-오어-트릿의 기원이 되었다. 종종 가난한 사람들과 어린아이들은 모든 성인들의 날에 집집마다 방문을 하여 소울 케이크를 얻었다. 모든 영혼들은 소울 케이크로 정죄가 되고 자유롭게 된다고 생각했다.

또한 할로윈에 호박을 조각하여 등을 만드는 잭-오-랜턴 풍속은 사메인 축제와 켈트족 신앙으로부터 나왔을 것으로 추정한다. 때때로 19세기에 일부의 아일랜드와 스코티시 하이랜드Scottish Highland의 사메인에서는 순무에 얼굴을 조각하여 랜턴을 만들기도 하였다. 또한 사원의 밤에 밖으로 내놓아 등으로 사용하였다. 그들은 또한 영혼과 요정을 표현하는 것으로 쓰여지기도 했고, 혹은 그들로부터 자신과 가정을 보호하기 위해서 사용하였다.

또 다른 전설로는 잭이라는 이름의 마술사에 관한 이야기가 전해지는데, 하루는 그가 악마를 속이기로 하고, 호박 안에 악마를 가두어 놓은 뒤 마을 행렬에 참가하였다고 한다. 결국 잭은 악마를 꺼내 주었지만, 악마는 잭에게 저주를 내려서 그의 영혼을 지옥에 머물게 만들었다. 할로윈 밤에 잭은 마을을 공포에 떨게 만들기 위해 풀려났다. 아일랜드 사람들은 그들 자신을 보호하기 위해서 사람 얼굴을 조각한 호박을 밖으로 내놓았다. 그걸 보고 잭이 겁을 먹게 하기 위해서였다. 할로윈 잭Halloween Jack은 마벨 코믹스라는 회사의 코믹북 캐릭터로 활용되기도 하였다.

영국에서 이러한 의상들은 개신교가 종교를 개혁할 동안에 공격을 받았다. 로마의 가톨릭 교리는 숙명의 개념과 맞지 않는 교리라고 호되게 비난을 받았다. 그래서인지 할로윈의 인기는 스코틀랜드를 제외하고는 영국에서 재빠르게 쇠퇴했다. 그리고 스코틀랜드에서는 할로윈 행사를 더욱더 실용적으로 활용하여 공동체 의식을 강화하였다.

한편 18세기 후반과 19세기 초반 북미에서는 할로윈을 경축했다는 기록이 없다. 뉴잉글랜드의 청교도들은 할로윈에 대해서 강하게 반대하였다. 그러다가 19세기에 다수의 아일랜드와 스코틀랜드의 이민자들이 유입되면서 이러한 할로윈 풍속이 북미에 들어오게 되었다. 19세기 중엽에, 아일랜드와 스코틀랜드 이민 공동체들은 점차 주류 사회에 동화되고, 20세기의 첫 10년 동안에 동부 해안의 가정에서 할로윈이 경축되기 시작하였다.

할로윈과 관련 있는 상징물들은 오랜 기간에 걸쳐 만들어졌다. 전통적으로 아일랜드와 스코틀랜드에서는 호박이 아닌 순무가 할로윈에 사용되었다. 그러나 북미의 이민자들은 토종 호박을 사용하였다. 호박이 더 부드러워서 순무보다 조각을 하기가 쉬웠기 때문이다. 그 이후에, 미국에서는 가을에 할로윈을 목적으로 다양한 크기의 호박을 대량 생산하였다. 미국의 호박을 조각하는 전통이 1837년에 이미 있었다는 기록이 있다. 호박을 할로윈에 관련시킨 것은 수확의 시기와도 관련 있다. 19세기 중엽이 될 때까지 호박은 할로윈과 특별히 관련되지 않았다.

현대 사회에서 할로윈을 경축하는 모습은 프랑켄슈타인과 드라큐라, 미이라와 같

은 공포 문학 작품과 고전 공포 영화와 같은 데서 많은 아이디어를 가져왔다. 또한 가을의 호박, 옥수수 껍질, 허수아비와 같은 요소들로 널리 알려졌다. 할로윈 즈음에 미국의 가정집들은 이러한 상징들로 장식되었다.

또한 할로윈은 죽음이나 악마, 괴물과 같은 초자연적이고 신화적인 요소들의 주제로 종종 등장한다. 할로윈에 장식되는 전통적인 색은 검정, 오렌지, 그리고 때때로 자주색이 사용된다.

1911년에 북미에서는 할로윈의 변장 관행이 처음으로 기록되었다. 온타리오의 킹스톤 신문에서 어린이들이 이웃을 돌면서 '가이싱guising'을 간다는 내용을 찾아볼 수 있다. 가이싱이라는 단어는 복장을 입거나 변장을 하고 집집마다 돌아다닌다는 뜻으로 사용되었다.

'가이싱' 가는 것은 19세기 후반에 아일랜드와 스코틀랜드의 할로윈에서 널리 퍼진 것이었다. 이때 입는 의상은 미국에서 20세기 초기에 성인들과 아이들에게서 아주 인기가 많았다. 처음으로 할로윈을 위한 의상의 대량 생산은 1930년대에 트릭-오어-트릭이 미국에서 성행하기 시작하였을 때부터이다. 할로윈 의상 파티는 일반적으로

gothic

COSTUME KULT

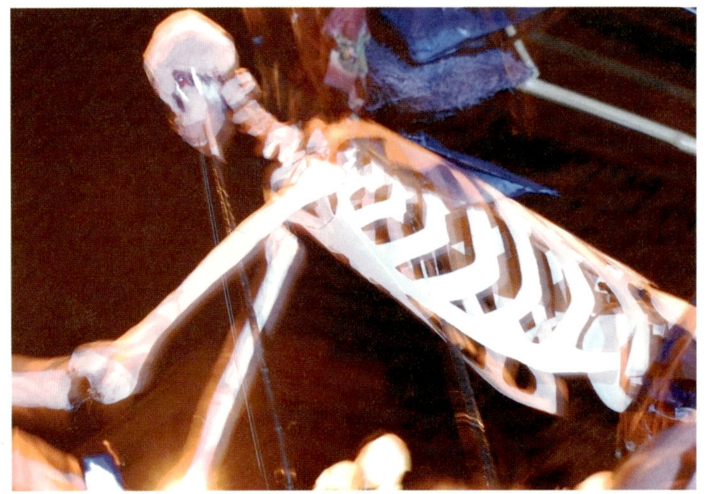

10월 31일 즈음에 열린다. 때때로 할로윈 전의 금요일이나 혹은 토요일에 치러진다.

전통적으로 할로윈 파티에는 몇몇의 미신적인 게임이 있다. 그중 하나는 '덩킨 Dunking물속에 담그다' 혹은 '애플 보빙' 이라는 게임이다. 커다란 욕조나 수반에 사과를 띄워 놓고, 그 사과를 이빨로 건져 내는 애플 보빙은 후에 이빨로 포크를 물고 포크를 사과에 떨어뜨리는 것으로 변하기도 하였다. 이런 게임을 하면 다음 해에 결혼하게 된다고 믿었다.

할로윈에서의 전통적인 게임은 주로 점을 치는 것이다. 전통적인 스코틀랜드의 점은 사과 껍질을 길게 하나로 벗겨서 상대방의 어깨 위로 던지는데, 이때 껍질이 떨어지는 모양을 문자로 해석하여 미래의 배우자 이름을 예측하는 것이다. 미혼의 여자가 미래의 남편감을 미리 볼 수 있는 방법으로, 할로윈 밤에 어두운 방 안에 들어가 앉아서 거울을 응시하면, 미래의 남편 얼굴이 거울 속에 나타난다고 믿기도 했다. 이러한 풍습은 19세기 말과 20세기 초에 할로윈 카드에서 보여질 만큼 널리 퍼졌다.

1900년대에 즐겼던 또 다른 미신은, 하얀 종이 위에 우유로 운수를 쓴 뒤 그 종이가 마른 다음 종이를 접어서 호두 껍질 안에 넣고, 껍질이 따뜻하면 우유는 갈색으로 변하는데, 이때 그 종이 위에 나타나는 형상으로 운수를 점친다.

유령 이야기를 말하고 공포 영화를 보는 것은 할로윈 파티의 전형적인 놀이다. 일반적으로 어린이들을 대상으로 하는 할로윈을 소재로 한 텔레비전 시리즈와 새로운 공포 영화는 할로윈 분위기를 조장하기 위해서 할로윈 전에 출시된다.

또한 할로윈을 즐기는 방법으로 유령 관광 명소들이 있는데, 이곳은 고객들을 깜짝 놀라게 하여 전율을 느끼게 하고 겁을 주기 위해 만들어진 것이다. 미국의 유령 관광 명소는 엄청난 수입을 가져오는 산업이며, 매년 40만 명의 고객을 끌어들인다.

할로윈은 매년 사과 수확의 시기와 같이 오기 때문에, 타피 애플Taffy Apple이 일반적인 할로윈 음식이 되었다. 이것은 사과를 끈끈한 설탕 시럽에 넣은 다음 때때로 견과류에 굴려서 만든 것이다. 하지만 이러한 타피 애플은 몇몇 사람들이 핀이나 면도

칼과 같은 것들을 사과 안에 박아 넣었다는 소문이 퍼지면서 급속히 쇠퇴하였다.

아일랜드에서 오늘날까지 내려오는 할로윈 풍습으로 밤바락Barmbrack이라는 빵 굽기가 있는데, 이 놀이 역시 미래를 점치는 것으로 그 안에 반지, 동전, 그리고 부적과 같은 것을 넣어 굽는다. 그렇게 함으로써 그 다음 해의 운을 점치는 것이다.

기독교 신자들은 할로윈에 묘지를 방문해서 그들이 사랑했던 사람들의 묘지 앞에 꽃과 양초를 놓는다. 신자들은 축제 자체보다는 기도와 단식을 우선으로 하고 예배에 참석한다. 교회에서는 할로윈에 퍼레이드를 진행하는데, 이것은 모든 성인들의 행렬로 알려져 있다. 기독교에서 '등불의 밤Night of Light' 으로 알려진 이 행렬은 '모든 할로우의 행렬Vigil of All Hallows' 로 더욱 넓게 퍼졌다.

다른 개신교는 모든 성인의 날인 할로윈 이브로부터 독립한 개혁의 날로써 모든 성인의 날 이브를 경축한다. 종종 '수확의 축제' 혹은 '개혁 축제' 가 펼쳐지는데, 어린이들은 성경의 캐릭터나 개혁자와 같은 의상을 입는다.

오늘날의 많은 기독교인들은 어린이들이 유령놀이를 하고 그들에게 캔디를 나누어 주는 재미있는 할로윈 이벤트를 특별히 부정적으로 생각하지 않는다. 이러한 할로윈은 단순히 하나의 이벤트이고, 어린이들의 영적인 삶에 아무런 위협을 주지 않고, 죽음과 도덕에 대한 가르침을 주고, 켈틱 조상들의 방법이 실제로 인생에 많은 교훈을 준다고 생각하고 있다. 하지만 아직도 일부 기독교인들은 할로윈의 현대적인 경축에 대해서 염려스러워하고, 다신교 사상, 초자연적 혹은 문화적인 현상이 그들의 믿음과 맞지 않는 문화라고 생각한다.

뉴욕의 빌리지 할로윈 퍼레이드는 매년 10월 31일, 뉴욕의 그리니치 빌리지에서 펼쳐지는 가장행렬이다. 그 행렬의 길이는 1.6킬로미터가 넘게 늘어진다. 이 커다란 문화 행사는 2백만 명의 관중을 불러모으고, 2만 5천 명의 할로윈 복장을 한 인원이 참여한다. 댄서, 예술인들, 서커스 공연단, 라이브 밴드, 그리고 뮤지컬 배우 등 공연 예술인들이 이 행사에 참여하여 그들의 창의력을 발휘한다. 그리고 이 행사를 텔레비전으로 시청하는 인구는 1억 명에 달한다.

퍼레이드의 주요한 특징으로는 창의적인 형태를 한 모형과 그 모형을 조정하는 사람들, 의상을 차려입은 사람들, 그리고 거대한 '관절 인형'이 있다. 그리고 이 행렬은 참가를 원하는 모든 이에게 열려 있으며, 미국에서 펼쳐지는 할로윈 퍼레이드 중에서는 가장 규모가 큰 것이다. 이 행사는 '뉴욕의 카니발'이라고 불린다. 이 퍼레이드는 비공식인 행사가 아님에도 불구하고 광적이고 야수적이며, 새롭고 전위적이다.

퍼레이드는 많은 잡지와 여행 가이드에 소개되었고, 학자들에 의해서 연구되었다. 《뉴욕타임스》에 따르면, 할로윈 퍼레이드는 도시민들에게 제공하는 가장 훌륭한 축제라는 찬사를 받았다.

빌리지 할로윈 퍼레이드는 처음 이 퍼레이드를 주관한 '뉴욕을 위한 극장Theater for New York'의 조지 바튼니프George Bartenieff, 크리스털 필드Crystal Field와 함께 1974년 랠프 리Ralph Lee에 의해서 창설되었다. 처음에는 마스크를 쓴 연기자, 거대한 꼭두각시 인형과 음악인이 1.6킬로미터 거리를 행진하는 것이었다.

극장에서 올린 작품들을 통해 리Lee는 100개가 넘는 마스크와 거대한 꼭두각시들을 보유하고 있었고, 이 모든 장비들을 사용하여 첫 번째 퍼레이드를 하였다. 리의 동료들와 친구들, 그리고 가족들은 창작 의상을 입고, 그리니치 빌리지에서 워싱턴 스퀘어로 꾸불꾸불하고 좁게 난 길을 행진했다. 주변에 살고 있는 주민들은 이 진기한 광경을 놀라움으로 바라보았고, 많은 사람들은 퍼레이드를 보고 특별한 해방감과 자유로움을 느끼게 되었다.

그 인기로 인해서 퍼레이드는 1975년에 다시 개최되었는데, 참가자 수가 약 1천 5백 명에 이르렀다. 퍼레이드는 놀라운 창의성과 상상력을 보여주는 이벤트라는 칭찬을 듣게 되었고, 사람들은 뉴욕의 예술적인 면을 보여주기 위해서 해마다 계속해서 펼쳐지기를 바라게 되었다.

1976년 퍼레이드는 공동체로부터 자금과 후원을 받을 수 있는 비영리 조직의 자격을 얻어서 이 조직의 핵심 스태프가 구성되었다. 예술인들은 퍼레이드를 위하여 학교로 가서 아이들과 같이 거대한 꼭두각시를 만들었다. 또한 삼바 밴드, 딕시랜드 재즈, 스틸 밴드와 같은 뮤지션 그룹들을 모집하여 참가시켰다. 이 뮤지션 그룹들은 퍼레이드의 심장에 박동을 가해 주는 것이었다. 그리고 많은 개인 참가자들이 자유롭게 그들의 환상적인 의상을 입고 참여하였다. 구경꾼들은 길 옆의 사이드라인 바깥 쪽에서 지켜보거나 행렬에 합류하기도 하였다.

1977년에 시작된 이 퍼레이드 루트는 그리니치가에서 5번가로 향하여 10가를 통과한다. 그리고 워싱턴 스퀘어의 아치로 들어선다. 그리니치 빌리지에 있는 제퍼슨 마켓 라이브러리Jefferson Market Library에 있는 시계탑은 위, 아래로 12개의 발을 가진 거미가 기어오르면서 유령이 나오는 요새로 변한다.

　10가에 르네상스를 재현한 스타일의 건물이 들어서 있는 레닉가Renwick Row의 발
코니는 괴기한 모임을 위한 세팅이 된다. 살찐 악마가 꼭대기에 등장하고, 관중을 향
해서 손을 흔들고, 수많은 풍선이 띄워 올려진다. 그리고 나서 바보 같은 악마가 연못
한가운데 줄을 타고 미끄러져 내려온다. 이 행사는 남녀노소와 인종에 상관 없이 모
두 밖으로 나와 어둠과 유령을 가까이 오지 못하게 한 다음, 그해의 안녕을 고하고 다
음 해를 기약하는 즐거운 모임이다.

　1985년에는 행렬의 루트가 웨스트 빌리지의 좁은 길에서 나와 6번가로 옮겨졌다.
1985년 퍼레이드 이후에 랠프 리는 감독의 직책을 사임한다. 그 뒤를 이어서 퍼레이
드를 위해 3년 간 일해 왔던 쟌느 플레밍Jeanne Fleming이 감독 자리를 넘겨 받았다.
플레밍은 오늘날까지 할로윈 퍼레이드를 이끌고 있다.

할로윈 의상들은 괴물, 마녀, 외계인, 만화, 그리고 동화의 캐릭터, 동물, 왕족, 그리고 유명 인사 등 다양한 캐릭터로 꾸며져 예측이 불가능할 정도다. 참가자들은 저마다 독특하고 재미있는 아이디어로 사람들의 시선을 끌기 위해서, 예술적·기술적으로 도전하고 있다. 이날, 하룻밤에 열리는 퍼레이드로 인해 도시는 고요함에서 깨어나 믿을 수 없이 아름답고, 힘차고, 다양한 공포의 왕국으로 변한다.

퍼레이드가 가족적인 분위기를 나타내는 성격의 축제임에도 불구하고, 의상은 성기와 그와 관련된 것들을 표현하고 있는 경우가 흔하다. 걸어다니는 성기들, 콘돔, 가짜 가슴과 엉덩이를 드러낸 여성들이 거리를 활보한다. 하지만 노출광들의 이러한 노골적인 노출이 뉴요커들을 불쾌하게 하거나 놀라게 하지는 않는다. 할로윈 퍼레이드에서는 어떤 주제도 금지되어 있지 않다. 또 근처의 워싱턴 스퀘어 파크에서는 독립적으로 어린이들과 그 부모들을 위한 전위적인 퍼레이드가 진행된다.

뉴욕 경찰들은 퍼레이드가 진행되는 동안, 많은 사람들이 밀집되어 일어나는 안전사고를 예방하기 위해 곳곳에 배치되어 사람들을 선도한다.

해마다 퍼레이드의 주제가 협회에 의해 선정되는데, 퍼포먼스를 하는 사람들이 퍼레이드의 앞머리에 서고 의상을 입은 일반인들이 그 뒤를 따르게 된다.

2001년 9월 11일, 테러리스트들이 로어 맨해튼에 일격을 가했을 때, 대부분의 이벤트는 도시적으로, 또 국가적으로 취소되었다. 하지만 할로윈 퍼레이드의 주최측은 퍼레이드가 감정적인 치유를 돕고, 공동체의 일체감을 주는 데 도움을 줄 것이라고 믿었다. 그들은 퍼레이드가 이러한 절망적인 시기에 예술인들이 도시를 위해서 할 수 있는 가장 최선의 방법이라고 생각했다. 플레밍은 CNN과의 인터뷰에서 "우리는 우리가 무엇을 잃어버렸는지를 누구보다도 잘 알고 있고, 그래서 우리는 우리가 잃어버린 사람들의 죽음을 축복하고 위로하기 위해 하룻밤의 춤을 추는 것이다. 이것이 항상 퍼레이드를 이끌며 춤추는 해골의 진정한 의미이다."라고 말했다. 그러면서 그녀는 당시의 비극을 통해 뉴욕의 정신을 자극하고자 '불사조의 비상'이라는 주제로 잿

더미 위에 솟아오르는 신화적인 새를 내세운 퍼레이드를 강행하였다. 사실 이것이 할로윈 본래의 정신이었다.

퍼레이드에 참가하기 위해서 의상을 차려입은 참가자들은 공식적으로 6시까지 줄을 서게 되어 있다. 7시가 되면 행진을 이끌기 위한 거대한 꼭두각시와 테마가 있는 퍼포먼스로 6번가 애비뉴 오브 아메리카Avenue of America의 퍼레이드 루트로 진입한다. 꼭두각시의 행진이 안전하게 지나간 후에, 자원해서 참가하는 사람들은 각자의 의상을 차려입고 꼭두각시 뒤에 합류한다. 그리고 저녁 시간이 지나면서 더 많은 꼭두각시와 공중에 띄워진 다양한 형상들, 밴드, 그리고 연기자들이 퍼레이드의 흐름에 맞추어 소개된다. 퍼레이드가 모두 지나가는 데는 보통 2~3시간 걸린다. 시간이 지나면서 행렬이 지나가는 구간 자체가 파티의 현장이 된다.

이벤트가 시작되기 몇 시간 전부터 거리는 구경꾼으로 채워지기 시작한다. 경찰이 설치해 놓은 바리케이트 뒤로 사람들이 빼곡히 채워지고, 더 나은 장면을 구경하기 위해서 때때로 나무 위로 오르기도 하고, 울타리, 쓰레기통, 전화 부스 등 뭐든 딛고 올라설 곳만 있으면 올라가 구경하기도 한다. 퍼레이드가 진행되는 거리는 오후 6시가 되면 차단된다.

퍼레이드의 다양한 모습들은 텔레비전 카메라와 전문적인 사진 작가들을 위해서 충분한 볼거리를 제공한다. 여러 나라의 신문과 미디어는 뉴욕의 할로윈 데이 퍼레이드에 대해 소개한다. 퍼레이드에서는 사실 참가자와 관중의 구분이 모호하다. 관중의 대부분은 할로윈 의상을 입고 있어서 구경을 하다가 합류하기도 한다. 참가자들은 관중을 사로잡기 위해서 길 한복판을 지그재그로 활보하기도 하고 춤을 추기도 하고 사진 촬영을 위해서 포즈를 취해 주기도 한다. 때로는 어린이들에게 캔디를 나누어 주기도 하고, 취재진들에게 기념품을 선사하기도 한다. 주최측은 행진자들이 관중들에게 장난을 하고, 흥을 돋우어서 그 열기가 관중들에게 전달되게 하기 위해서 노력한다.

퍼레이드는 하우스톤가Houston St., 블리커가Bleecker St., 크리스토퍼가 Christopher St., 그리고 그리니치가Greenwich Ave.의 교차로를 가로지른다. 그리고 나서 21가에서 끝이 난다.

하지만 이것이 축제의 끝이 아니다. 퍼레이드가 끝나면 할로윈 의상을 입은 사람들은 근처에 있는 술집, 나이트클럽, 레스토랑으로 자리를 옮기기 위해서 흩어진다. 할로윈이 있는 날은 시내 곳곳에 할로윈 의상을 한 젊은이들이 눈에 많이 띈다. 거리에도 지하철에도 이날은 요란하고 괴기스러운 복장과 분장이 어색하지 않다. 뉴욕 시의 할로윈에서는 할로윈 복장을 갖춘 어린이들의 트릭-오어-트릿과 같은 집 방문이 보이지 않는다. 그 대신 에너지가 넘치는 도시 젊은이들의 일탈의 모습들을 볼 수 있다.

내가 브루클린에 살 때에는 젊은이들이 예전에 맥주 공장이었던 커다란 빈 창고에 할로윈 복장을 하고 모였다. 관광객이 많이 모이는 맨해튼의 퍼레이드와는 다르지만, 오래된 창고 건물에서 벌어지는 할로윈 의상 파티는 좀 더 자유롭고 색다른 느낌이 들었다. 브루클린에 사는 젊은이들이 모두 치장을 하고 커다란 창고와 어두운 길목을 꽉 차게 메웠다. 오래전에 보았던 그 광경은 내게 아주 인상적으로 남아 있다.

메이시스 추수감사절 퍼레이드

Macy's Thanksgiving Day Parade

언제 추수감사절(11월의 네 번째 목요일, 공휴일) 오전 9시에서 12시까지

어디서 77가에서 시작, 59가의 콜럼버스 서클 경유, 메이시스 백화점까지

추수감사절은 미국의 공휴일로 11월의 네 번째 목요일에 경축된다. 추수감사절은 1863년 남북전쟁 중에 링컨 대통령이 11월 26일을 국경일로 선언한 후 연례적인 행사가 되었다. 이날은 하나님이 주신 것을 예찬하기 위한 날이다. 추수감사절은 크리스마스, 그리고 새해와 함께 미국의 주요 공휴일이며 긴 휴가 시즌 중의 하나이다.

현재 미국 영토에서 경축된 최초의 추수감사절은 스페인 사람에 의해서였다. 최초의 영구 정착지인 버지니아 제임스타운에서는 1610년에 추수감사절을 열었고, 1607년부터 버지니아의 코먼웰스에서 연례적으로 경축되기 시작하였다는 기록이 있다.

하지만 미국인들은 일반적으로 최초 추수감사절 경축 행사를 1621년에 매사추세츠 플리머스 플랜테이션Plymouth Plantation에서 벌어졌다고 생각한다. 플리머스 정착자들은 그곳에서 첫 번째로 성공적인 풍작을 이룬 가을에 수확의 축제를 열었다. 가을 혹은 겨울에 열렸던 축제는 몇 년이 지난 후 이따금씩 산발적으로 계속되었다. 처음에는 즉흥적인 종교적 행사로 시작되었고, 나중에는 민간 전통 행사로 자리 잡았다. 대부분의 미국 어린이들은 학교에서 최초의 추수감사절은 1621년에 순례자와 인디언에 의해서 열렸던 것으로 배운다. 메이플라워Mayflower 호를 타고 항해해 온 순례자들은 종교적 이상이 달라서 영국의 청교도로부터 독립되어져 나온 분리주의자

들이었다. 그들은 더 나은 삶을 찾아 새로운 땅으로 떠나온 사람들이었다. 그들이 도착했던 해 첫 겨울은 지독하게 추웠다. 그 다음 해 가을이 되었을 때, 메이플라워 호를 타고 온 102명 중에 40여 명은 목숨을 잃었다. 하지만 그해의 수확은 풍요로웠다. 그들은 스스로의 수확을 경축하고자 하였고, 이 축제는 3일 간 지속되었다. 이 축제에는 53명의 순례자들과 90명의 인디언들이 참석하였다.

왐파노아그Wampanoag 부족과 동맹 지구인 패턱센트Patuxent 원주민 인디언인 스콴토Squanto는 순례자들에게 장어 잡는 법을 가르치고 옥수수 기르는 법을 가르쳤다. 스콴토는 그의 일생 동안 대서양을 네 번 횡단하였다. 그리고 그는 영국 여행을 하는 동안 영어를 배웠다. 특히나 왐파노아그 지도자 '마서사이트Massasoit'는 첫해 겨울에 영국으로부터 가져온 자재들이 부족했을때, 신출내기 이주민들에게 음식을 제공했다.

하지만 17세기에 치러진 이 행사가 추수감사를 준수한 것으로는 확인되지 않는다. 그것은 수확에 대한 의미가 더 많은 것이었다. 이들 순례자들은 대부분 분리주의자들 영국의 국교 반대자로, 1628년에 현재의 보스턴인 매사추세츠에서 식민지를 설립한 청교도들과 혼돈해서는 안 된다. 이들은 서로 아주 다른 종교관을 가졌다.

그들은 그들이 거두었던 수확에 대해서 회의를 하고, 추운 겨울에 대비하기 위해서 그들의 집과 주택을 설비하고, 건강을 지키고, 힘을 기르는 등 모든 것을 충분히 준비하였다. 이들은 사냥을 하고, 물고기를 낚는 연습을 하고, 가게를 차리고, 옥수수를 수확하였다. 그 이후로 그들은 유럽에 있는 많은 친구들에게 이곳의 풍요로움에 대해서 편지를 썼다.

그들의 이러한 수확에 대해 주지사는 '4인조의 들새 사냥꾼Four men on Fowling'을 보내서 노동의 결실을 함께 기뻐하였다. 그들 넷의 도움을 받아 많은 잔치를 벌일

수 있는 새를 충분히 잡았다. 사람들은 오락을 즐겼고, 인디언들은 그들의 추장 마서 사이트와 함께 왔다. 그리고 3일 간을 경축했다. 그들은 농장에서 가져온 다섯 마리 분량의 사슴 고기를 주지사와 장군, 그리고 나머지 사람들에게 나눠 주었다.

순례자들은 1623년에 또 다른 추수감사절을 경축하였다. 그 축제는 공동 사회의 농장에서 개인화·민영화로 변한 이후의 축제였고, 그 축제 이후에 14일 간 비가 내렸다. 그 비는 풍작을 이루게 하였다. 1623년의 추수감사는 교회로부터가 아니라, 시민으로부터 나온 것이기에 획기적이었다. 그것은 뉴잉글랜드에서의 추수에 대한 감사로 최초의 인식이었다.

그 이후 사람들은 감사의 기도를 통해서 주님이 그들에게 따뜻하고 계절적인 소나기를 보냈다고 생각했다. 신의 자비를 위하여 그들은 추수감사의 날을 따로 정했다. 수확은 신의 자비로 인해서 풍요로움이 왔다고 믿었다.

청교도인들로 구성되어 있는 매사추세츠 베이 콜로니Massachusetts Bay Colony는 1630년에 처음으로 추수감사를 경축하였고, 1647년 이후에 연례 행사가 되었다. 뉴네덜란드에 있는 네덜란드인들은 1644년에 추수감사의 날을 정하고, 그 이후로 때때로 경축을 하였다. 이후 18세기에 개별 식민지들은 정기적으로 군사적인 승리의 날을 기리기 위해서, 주의 헌법 또는 예외적인 풍요로운 작물의 도입을 기리기 위해 추수감사의 날을 정했다.

18세기 동안에 각각의 식민지들은 매년 추수감사절을 준수하였다. 하지만 그 당시의 추수감사절은 오늘날의 풍속처럼 풍부한 음식과 음료로 대표되는 것이 아니라, 금식과 기도를 하기 위해 따로 정한 날이었다.

미국의 독립전쟁 중에 의회는 매년 하루 또는 그 이상의 날을 추수감사절로 지정했다. 추수감사에 대한 국가적인 최초의 선언은 영국이 국가의 수도인 필라델피아를 점령하는 동안인 1777년 필라델피아의 요크에서 열렸던 의회에 의해서 논의되었다. 대표자 사무엘 아담스Samuel Adams는 추수감사절에 대한 최초의 윤곽을 만들고, 의회는 최종안을 받아들였다.

이 최종안에서는 전능하신 하나님을 숭배하고, 그 은혜에 감사하고, 무한한 자비로움과 축복이 계속되기를 바라며, 특히 국방을 위하여 감사와 예찬의 날을 정하고자 하였다.

미국의 독립전쟁에서 혁명적인 세력의 지도자인, 조지 워싱턴George Washington은 사라토가Saratoga에서 영국에 승리한 것을 축하하기 위해서 1777년 12월에 추수감사절을 선포하였다.

1789년 9월 24일에는 새로운 주의 승인을 위한 첫 번째 수정안에 관해 투표를 하였다. 다음 날, 뉴저지 출신의 하원의원 엘리아스 보디넛Elias Boudinot은 워싱턴 대통령과 함께 전능하신 하나님을 위하여 추수감사의 날을 선포하였다.

1789년 10월 3일, 조지 워싱턴은 대통령으로서 미국 정부에 의해 처음으로 지정된 추수감사절을 선언하였다. 그 이후에 미국의 대통령들에 의해서 때때로 추수감사절이 선언되었다. 일부 남부의 주들은 그러한 추수감사절에 대한 준수가 편협한 청교도의 유물이라며, 이 땅에서 그러한 날을 준수하는 것을 반대했다. 이렇게 미국 역사를 살펴보면 때때로 또 부분적·산발적으로 추수감사절을 경축한 기록이 있다.

오늘날 우리가 경축하는 추수감사절은 미국의 남북전쟁 중에, 사라 조세파 헤일 Sarah Josepha Hale이 사설을 써서 링컨에게 추수감사절이 국경일로 경축되어야 한다고 건의해 만들어진 것으로, 마침내 링컨은 1863년 11월의 마지막 목요일을 추수감사절로 선언하였다. 그는 미국 전역의 모든 시민들, 그리고 외국에 체재하고 있는 모든 시민들이 다 함께 하늘에 계신 전능하신 아버지를 기리는 추수감사절을 11월의 마지막 목요일로 정해서 준수하도록 하였다. 1863년 이후 추수감사절은 미국에서 매해 경축되고 있다.

　　링컨 이후의 대통령들은 추수감사절이 매년 11월의 마지막 목요일에 치러지는 전통을 따랐다. 그러나 1939년에 프랭클린 D 루즈벨트는 이 전통을 깨뜨렸다. 11월은 4번 혹은 5번의 목요일이 있다. 목요일이 4번인 때보다 5번인 때가 많다, 루즈벨트 대통령은 다섯 번째보다는 네 번째 목요일에 추수감사절을 지낼 것을 선언하였다. 그 당시 미국은 여전히 대공황을 겪고 있었고, 루즈벨트는 더 일찍 추수감사절을 시작해 크리스마스 전까지 더 오랜 기간 동안 소비가 이루어지길 바랐다. 루즈벨트는 이 기간 동안의 활발한 소비 활동으로 국가가 경제적 불황으로부터 빠져나오게 되기를 바랐다. 당시 추수감사절 전에 크리스마스 광고 상품은 부적절한 것으로 간주되었다. 메이시스의 전신인 페더레이티드 백화점Federated Department Stores의 창시자 프레드 라자러스 주니어Fred Lazarus, Jr는 쇼핑 시즌을 확장하려는 방법으로 추수감사절을 한 주 앞으로 당겨서 변경하는 방법을 추천하여 루즈벨트를 설득하였고, 이 법이 2

년 이내에 국회를 통과하였다.

공화당은 이러한 변화가 링컨에 대한 모욕이라고 비난하였다. 사람들은 11월 30일을 '공화당의 추수감사절'이라고 하고, 11월 23일을 '민주당의 추수감사절' 혹은 '프랭크스기빙Franksgiving'이라고 말했다. 많은 지방에서는 개의치 않고 마지막 목요일을 경축일로 지냈고, 대부분의 풋볼팀은 전통적으로 추수감사절에 그들이 미리 정해 놓은 스케줄에 따라서 마지막 게임을 하였다. 그래서 대통령의 추수감사절에 대한 선언은 구속력이 없었다.

루즈벨트의 결정은 대다수의 국민들에게 무시되었다. 23개의 주는 루즈벨트의 추천에 따랐고, 22개의 주는 그렇지 않았다. 그리고 텍사스와 같은 일부의 주에서는 두 개의 휴일을 지내기도 했다. 1940년과 1941년의 11월은 목요일이 네 번이었다. 그래서 루즈벨트는 세 번째 목요일을 추수감사절로 선언하기도 했다.

추수감사절은 칠면조의 날이라고 불릴 만큼, 칠면조는 추수감사절의 가장 중요한 주인공이다. 미국의 몇몇 대통령들은 추수감사절 칠면조에 얽힌 유명한 에피소드가 있다. 1947년 이후로, 국립 칠면조 협회는 미국의 대통령에게 칠면조를 선사해 왔다. 존 F 케네디는 선사받은 칠면조를 살려준 최초의 대통령으로 유명하다. 로널드 레이건은 칠면조에게 사면을 베푼 첫 번째 대통령이다. 실제로 이 칠면조는 동물원에 선사되었다. 레이건 시절 부통령이었던 조지 부시는 1989년에 그가 대통령에 올랐을 때, 이러한 칠면조에 대한 관용을 연례적인 전통으로 만들었다. 그 이후로 이 전통은 모든 대통령들에 의해서 해마다 시행되고 있다.

19세기의 후반, 미국에서의 추수감사절 전통은 지역마다 다양했다. 예를 들어, 뉴잉글랜드에서는 추수감사절 이브에 복권 판매를 했고, 상으로 주로 거위와 칠면조가 주어졌다.

뉴욕 시에서는 사람들이 화려한 마스크와 의상을 입고 즐거운 폭도가 되어 고함을 지르며 떠돌아다녔다. 20세기가 되면서 이러한 폭도들로 인해 '누더기를 걸친 부랑

아들의 퍼레이드'가 되었다. 아이들은 낡은 옷을 걸치고 일부러 얼굴을 더럽게 만들고 이 퍼레이드에 참여했다. 하지만 이 전통은 1950년대 후반에 완전히 사라졌다.

미국에서는 추수감사절에 전통적인 음식이 준비된다. 칠면조 구이는 추수감사절 축제의 가장 대표적인 음식이다. 추수감사절을 '칠면조의 날 Turkey Day'이라 부르는 것은 이 때문이다. 칠면조를 채우는 소, 그레이비로 으깬 감자, 스위트 포테이토, 크랜베리 소스, 스위트 콘, 다양한 가을 채소들, 그리고 펌킨 파이가 추수감사절과 관련된 것들이다.

이런 음식들은 미국에서 새로 개발되었거나, 혹은 유럽에서 이민 온 사람들이 소개한 음식 재료들이었다. 칠면조 요리는 이민자들이 영국에서부터 이용하던 음식 재료로 추측된다. 추수감사절에는 불우한 이웃에게 음식을 제공하는 등 대부분의 공동체는 음식을 준비해서 추수감사절 저녁을 관대하게 베푼다.

전통적으로 추수감사절 저녁에는 식사 전후로 감사의 기도를 올린다. 가족들이 손에 손을 잡고 기도를 드리는데, 기도는 주로 집안의 가장이나 부인이 주도한다. 추수감사절에는 가족과 친구들이 함께 식사를 하기 위해서 모인다. 그래서 추수감사절 휴일은 많은 귀성객들로 북적댄다. 학교에서는 4, 5일 동안 휴교를 하고, 대부분의 사업장과 정부의 노동자들은 추수감사절과 나머지 주말을 쉰다. 추수감사절 전날 술집과 클럽은 일 년 중 가장 바쁜 날이다. 이로 인해 종종 '블랙아웃 웬즈데이Blackout Wednesday'라고 불리기도 하는데, 블랙아웃은 정전이라는 뜻 외에도 과음으로 인한 기억이 정지되는 현상을 말하는 것으로 추수감사절의 의미를 희석시키기도 한다.

또, 미국 풋볼 경기는 추수감사절을 경축하는 중요한 행사의 일부이다. 내셔널 풋볼 리그The National Football League가 생긴 이래 추수감사절 동안에 매년 경기가 열렸다. 때문에 풋볼 게임은 추수감사절의 전통이 되었다.

그리고 많은 대학과 고등학교, 아마추어 그룹과 기관들에 의한 비공식적인 '터키 볼Turkey Bowl' 콘테스트가 종종 추수감사절에 열린다. 추수감사절 식사 후에는 가

족끼리 뒷마당에서 혹은 근처의 필드에서 풋볼 게임을 하기도 한다. 그 밖에도 대학 농구와 내셔널 농구 경기가 추수감사절 동안에 열리고, 내셔널 아이스하키는 추수감사절 대결을 펼친다.

또한 추수감사절 아침에 수많은 도시에서 개최되는 이벤트로 터키 트로트Turkey Trot라는 로드 러닝Road running 경기가 있다. 재미로 1마일만 뛰는 경기도 있고, 마라톤 거리를 뛰는 경기도 있는 등 다양하게 열린다. 하지만 보통은 3마일에서 10마일을 달린다.

또 다른 흥미로운 추수감사절의 행사로는 11월 초 델라웨어의 서섹스 카운티에서 열리는 호박 썰기 세계 대회이다. 크리스마스 행사만큼은 풍부하지 않지만, 추수감사절이 시작된 직후에 시작해서 많은 특별 프로그램이 추수감사절 즈음에 방송된다. 일부에서는 크리스마스 영화와 특집이 추수감사절에 텔레비전으로 방송된다. 이날은 미국에서 크리스마스의 시즌이 시작되는 신호이기도 하기 때문이다.

ABC 방송사에서는 프라임 타임에 〈찰리 브라운의 추수감사절A Charlie Brown Thanksgiving〉과 〈여기가 미국이야, 찰리 브라운This is America, Charlie Brown〉에서 〈메이플라워 항해자The Mayflower Voyagers〉 등을 방영한다.

콜럼버스의 날처럼 일부의 사람들은 추수감사절을 유럽의 식민지 정복과 아메리카 인디언의 대량 학살을 축하하는 관점으로 보는 경우도 있다. 캘리포니아 대학과 버클리 대학의 교수인 댄 브룩은 미국인들이 추수감사절을 축하하는 것은 '문화적 · 정치적인 기억상실증'이며 "우리가 죄책감을 느끼지는 않더라도 최소한 무언가를 느낄 필요가 있다."고 비난한다. 오스틴에 있는 텍사스 대학의 교수 로버트 젠슨Robert Jensen은 "미국이 도덕적으로 진보하였다는 표시로 추수감사절과 방종한 가족 잔치를 집단 금식과 함께 국가적인 속죄의 날로 대체하여야 할 것이다."라고 말하기도 했다.

1970년 이후로 뉴잉글랜드의 인디언, 프랭크 '왐수타' 제임스Frank 'Wamsutta'

James가 이끄는 저항 그룹은 추수감사절 행사는 유럽인이 미국에서의 정착을 정당화하고, 미국 원주민의 대학살과 같은 정의롭지 않는 문제를 적당히 덮어 두려 하는 것이라고 비난했다. 그리고 그는 사회적인 평등과 정치적인 명예에 이름을 걸고 매사추세츠 플리머스에 있는 플리머스 록에서 추수감사절에 '국립 애도의 날National Day of Mourning' 을 주도하였다.

일부의 미국 원주민은 '비추수감사절Unthanksgiving Day' 을 경축하며, 그들 선조들의 죽음을 애도한다. 이러한 전통은 1975년 이후부터 일어나고 있다. 그러나 미국 원주민들 사이에 추수감사절에 대한 이해가 보편적으로 부정적인 것만은 아니다. 아

메리카 원주민 언론인 협회Native American Journalist Organanization의 설립자 팀 지아고는 《허핑턴포스트The Huffington Post》에서 추수감사절을 대평야의 미국 원주민이 지내는 추수감사 경축인 '워필라Wopila' 와 비교했다. 그 의식은 그들 공동체의 나눔과 감사에 대한 의식이다. 그래서 오네이다Oneida 인디언 부족들은 2010년 메이시스의 추수감사절 퍼레이드에 '진정한 추수감사절의 정신The True Spirit of Thanksgiving' 이라고 불리는 퍼레이드 수레와 함께 행진하였고, 그후 매년 이렇게 하고 있다.

일부의 무신론자들, 그리고 분리교도들 또한 추수감사절의 경축과 관련한 전통을 비판했다. 특히나 그들은 미국의 대통령에 의해 낭독되는 신에 감사하는 주제의 선언서를 비판하였다.

추수감사절 다음 날은 블랙 프라이데이Black Friday라고 널리 알려진 일 년 중 가장

큰 쇼핑의 날이다. 상업화를 반대하는 사람들에게는 이날은 아무것도 사지 않을 것을 권고하는 '바이 나싱 데이Buy Nothing Day' 로 알려진 날이다. 그리고 그 다음 토요일은 '스몰 비지니스 세터데이Small Business Saturday' 라고 불리는 소규모 사업체를 위한 날이다. 추수감사절이 지난 뒤 월요일은 때때로 '사이버 먼데이Cyber Monday' 라고 불린다. 이는 미국에서 추수감사절 다음 블랙 프라이데이의 금요일 이후, 돌아오는 월요일을 말한다. 이는 마케팅 용어로 온라인 쇼핑을 하게끔 유도하기 위해 마케팅 회사들에 의해 만들어졌다.

뉴욕의 추수감사절 퍼레이드는 메이시스 백화점에 의해 펼쳐지는 연례 퍼레이드로 1924년에 시작되었다. 이는 디트로이트에서 열리는 아메리카의 추수감사절 퍼레이드America' s Thanksgiving Day Parade와 함께 미국에서 두 번째로 오래되었다. 최초의 추수감사절 퍼레이드는 1920년에 필라델피아에서 김블 백화점의 후원으로 열린 추수감사절 퍼레이드Gimbels Thanksgiving Day Parade였다. 지금은 던킨 도너츠 추수감사절 퍼레이드로 알려져 있다. 이 세 시간의 이벤트는 동부 기준 시간으로 추수감사절 오전 9시에 시작된다.

1920년대에 메이시스의 직원들은 거의 이민 1세대였다. 그들은 새로운 미국의 유산을 자랑스러워하며, 그들의 부모들이 유럽에서 가졌던 축제처럼 미국에서의 추수감사절을 축하하고 싶어했다.

1924년에 있었던 퍼레이드는 원래 메이시스의 크리스마스 퍼레이드였으나, 후에 메이시스 추수감사절·크리스마스 퍼레이드가 되었다. 메이시스의 직원들과 연예인들의 화려한 의상을 입은 퍼레이드는 할렘에 있는 145가에서부터 출발해서 메이시스의 본사가 있는 34가에서 끝이 난다.

최초의 퍼레이드에는 장식 수레, 전문가로 구성된 밴드, 센트럴파크에서 빌려온 동물들이 있었다. 그리고 마지막 순서에서 산타클로스가 헤럴드 스퀘어로 합류했다. 산타 요정인 '졸리 올드 엘프Jolly Old Elf'가 34가에 있는 메이시스 백화점의 발코니에 있는 왕좌에 앉혀졌다. 그곳에서 그는 '꼬마들의 제왕King of Kiddies' 이라는 이름으로 왕관을 수여받는다. 25만 명이 넘는 관중과 함께 퍼레이드가 성공적으로 펼쳐지고, 메이시스는 이 퍼레이드가 연례 행사가 될 것임을 선언했다.

1927년에 펠릭스 더 캣Felix the Cat 벌룬이 만들어져 첫 출연함으로써 살아 있는 동물들을 대체했다. 펠릭스는 공기가 채워졌지만, 그 다음 해에는 헬륨을 사용하여 벌룬을 팽창시켰다. 커다란 동물 모양의 이 벌룬은 오하이오의 애크론에 있는 '굿이어 타이어 앤 러버 컴퍼니Goodyear and Rubber Company' 라는 자동차 타이어 회사에 의해서 만들어졌다.

1928년의 피날레에서는 예상치 않게 벌룬이 상공으로 날아가서 터지게 되었다. 그

래서 그 다음 해에는 안전 밸브와 함께, 며칠 동안 떠 있도록 재디자인되었다. 이 풍선들에는 주소가 새겨져 있어서, 누구든 이 풍선을 발견하는 사람은 메이시스에 다시 돌려보내고 상품을 받을 수 있도록 했다.

1930년대를 통해서 퍼레이드는 계속해서 성장했다. 그리고 1934년에는 관중이 무려 1백만 명에 이르렀다. 1934년 퍼레이드에는 미키 마우스가 등장했다. 연례 행사는 1932년에서부터 1941년 사이에 뉴욕 전역의 라디오에 중계되었다.

제2차 세계대전 중인 1942년에서 1944년까지는 고무와 헬륨의 수요 증가로 인해 추수감사절 퍼레이드가 중단되었다가 1945년에 다시 시작되었다. 그리고 1947년에는 미국인에 의한 미국만의 고유한 행사로 규정지어져 미국 문화의 하나가 되었다. 〈34번가의 기적Miracle on 34th Street〉이라는 영화에서는 1946년 실제 축제에서의 특정 장면을 보여주었다. 1948년에는 처음으로 텔레비전으로 중계되었다. 이 시점으로부터 이벤트가 메이시스의 후원으로 이루어져 사람들 사이에서 ‘메이시스 데이 퍼레이드Macy’s Day Parade’로 불리게 되었다. 1984년 이후부터 벌룬은 레이븐 인더스트리 오브 수 폴스, SDRaven Industry of Sioux Falls, SD라는 회사에 의해 제작되었다.

그 외에도 메이시스는 피츠버그와 펜실바니아의 작은 계절 축하 퍼레이드를 후원하고 있다. 미국에 있는 다른 도시들도 추수감사절 퍼레이드를 하지만, 그 행사들이 모두 메이시스에 의해서 운영되는 것이 아니다.

또한 일리노이 주에는 맥도날드 추수감사절 퍼레이드McDonald Thanksgiving Day Parade가 있고, 매사추세츠 주의 플리머스, 워싱턴의 시애틀, 텍사스의 휴스턴, 미시건의 디트로이트, 애리조나의 파운틴 힐즈 등에서 퍼레이드가 열린다. 퍼레이드는 또한 미국에 있는 두 개의 디즈니 테마 공원에서도 열린다.

뉴욕과 가까운 코네티컷, 스탠포드의 UBS 벌룬 퍼레이드는 추수감사절이 오기 전

일요일에 열리며, 뉴욕의 퍼레이드와 경쟁하지 않도록 어떤 벌룬 캐릭터들도 중복되지 않게 한다.

2005년에 '메이시스 추수감사절 퍼레이드Macy's Thanksgiving Day Parade' 라는 클래식 로고가 마지막으로 사용되었다. 그 이후부터 매년 새로운 로고가 퍼레이드를 위하여 사용되었다. 그러나 그 로고는 NBC 텔레비전에서는 많이 보여지지 않는다. NBC는 '메이시스' 는 작은 글자로, 그리고 '추수감사절 퍼레이드' 라는 굵은 글자체로 시작되는 그들 고유의 로고를 사용했다. 하지만 메이시스의 오리지널 로고는 특별 관람석 티켓과 퍼레이드를 위한 스태프들의 ID 뱃지에 여전히 사용되고 있다.

2006년에 벌룬과 관련된 부상을 방지하기 위해서 새로운 안전 조치가 만들어졌다. 어떠한 요인이 벌룬을 변덕스럽게 움직이게 하는지를 퍼레이드 기획자들에게 알려

줄 수 있는 장치를 고안하였다.

또한 퍼레이드에서 벌룬이 땅으로부터 일정한 높이를 유지하도록 하는 장치를 설치하였다. 만약 바람의 속도가 시속 34마일보다 높을 경우에는, 모든 벌룬은 퍼레이드에서 제거된다. 지난해 2013년에는 추수감사절 즈음에 바람이 심해져서 벌룬을 띄울 것인지 아닐 것인지에 대해서 매우 조심스러웠지만, 추수감사절 당일 평소보다 덜 팽창된 상태에서 낮게 띄우기로 결정하고 벌룬 퍼레이드를 진행했다.

뉴욕에서 열리는 추수감사절의 퍼레이드를 관람하는 것은 미국에 사는 모든 어린이들의 소망이다. 퍼레이드에서 사용되는 벌룬들은 어린이들이 좋아하는 만화 캐릭터로 만들어졌기 때문이다. 그래서 아이들을 동반한 사람들은 이른 새벽부터 이 퍼레이드를 보기 위해서 행렬이 지나가는 거리에 나와서 몇 시간을 기다리는 수고를 아끼지 않는다.

해가 뜨기도 전인 컴컴한 새벽 5시, 6시쯤부터 사람들은 겨울이 시작되는 문턱인 추운 날씨에도 아랑곳하지 않고 벌룬과 화려한 행렬의 모습을 놓치지 않기 위해 기다린다. 아마도 그것이 축제의 의미일 것이다. 설레이며 기다리고 환호하고 사람과 사람들이 북적거리는 것, 사람들은 그 분위기에 들뜨고 왠지 모르게 즐거워지는 마음, 그것이 바로 축제이다. 축제는 사람과 사람들이 같이해야 하는 것이다.

뉴욕 연말연시 축제

언제 12월의 초부터 말까지, 그리고 이듬해 초까지

어디서 뉴욕 시 전역

추수감사절이 지나면 뉴욕 시는 바로 연말 분위기에 휩싸이게 되고, 연말에 있을 각종 축제와 행사로 들뜬다. 특히나 다양한 사람들이 살고 있는 뉴욕 시는 다양한 방

법으로 연말을 경축을 하고 있다. 먼저 록펠러센터에는 커다란 크리스마스트리가 세워지고, 크리스마스트리 앞에는 아이스링크가 만들어진다. 5번가와 57가 사이의 교차로에는 잉고 마우러Ingo Maurer가 디자인하고, 바카라Baccarat 유리회사가 제작한 거대한 눈송이가 매달려진다. 백화점의 쇼윈도들은 크리스마스와 새해에 방문하는 방문객들을 위해 새로이 단장된다. 5번가에 있는 삭스 백화점의 외벽은 연말의 특별 3D 영상을 띄운다. 특히나 이 백화점은 록펠러센터의 크리스마스트리와 마주 보고 있어서 이 주변은 연말이면 엄청나게 많은 인파가 모인다. 백화점의 쇼윈도 중에서 특히 버그도프 굿맨의 쇼윈도는 정교함과 화려함의 극치를 보여준다. 버그도프 굿맨 백화점은 특히나 더 최상급의 상품을 취급하는 백화점이다. 5번가뿐만 아니라 도시 곳곳은 연말연시의 분위기를 자아내고, 도시는 더욱더 많은 방문객으로 붐비게 된다. 실제로 연말연시 즈음의 5번가는 걷기도 힘들 정도로 붐빈다.

연말 분위기는 도시를 장식하는 일에만 그치지 않는다. 각종 행사와 이벤트로 추수감사절이 지나고 난 연말은 하루도 조용히 지나가는 날이 없이 축제 분위기가 넘쳐난다. 특히 뉴욕 시는 다양한 행사로 연말 분위기를 보여주는데, 세계적으로

자이언트 크리스마스 장식

유대인들이 가장 많이 모여 살고 있어 대규모의 하누카Hanukkah 행사가 열리는 곳
이다. 그뿐만 아니라 미국에 사는 아프리카계 미국인들을 위한 연말 축하 형태인 '콴
자Kwanzaa' 도 큰 규모로 치러지기도 한다.

　12월이 시작되면 도시는 연말의 분위기를 한껏 몰아 새해의 전야까지 하루도 쉴틈
없이 각종 행사로 바쁘다. 뉴욕 시에서는 새해 전야 행사가 타임 스퀘어에서 벌어지
는데, 이 행사를 구경하기 위해서 모인 관광객은 매년 1백만 명이 넘을 정도이다. 뉴
욕에서는 타임스퀘어 빌딩의 꼭대기 위에서는 워터포드 크리스털 볼Waterford
Crystal Ball이 떨어지면서 새해를 알린다. 이로써 뉴욕이라는 도시는 다시 새로운 한
해를 맞이하게 되는 것이다.

라디오 시티 뮤직홀Radio City Music Hall

다문화 사회인 미국에서는 다양한 방법으로 크리스마스를 경축한다. 하지만 일반적으로 크리스마스에 미국인들은 추수감사절과 비슷하게 칠면조나 햄 요리를 위주로 음식을 준비한다. 어린이들은 크리스마스 전야에 벽난로 위에 양말을 걸어 놓고 일찍 잠자리에 든다. 애완동물을 기르는 집에서는 애완동물을 위한 양말을 준비하기도 한다. 아이들은 그날 산타 할아버지가 순록이 이끄는 썰매를 타고 와서 선물을 놓고 간다고 믿는다. 크리스마스의 아침에는 가족들끼리 온통 선물을 열어 보는 기쁨으로 가득하다. 설레임 속에 아침이 지나가면, 친지들과 친구들이 선물과 음식을 가지고 방문 온다. 크리스마스의 하루는 이렇게 많은 음식과 선물, 만찬으로 이루어진다. 만찬은 주 요리와 함께 디저트를 곁들인다.

원래 12월 25일은 고대에서 태양의 신, '미트라Mithra'를 축하하는 날이었다. 로마에서는 크리스마스를 경축하지 않았다. 그러다가 줄리어스 콘스탄틴Julius Constantine 1세는 십자가 형상을 꿈에서 보았고, 그후 전쟁에서 승리했다. 그 꿈으로 인해서 전쟁에서 승리했다고 믿은 그는 사람들에게 기독교를 믿을 것을 선언하였다. 서기 350년에 로마의 줄리어스 콘스탄틴 1세는 12월 25일을 크리스마스로 정했다.

크리스마스, 혹은 그리스도의 미사는 다신교도들이 가톨릭 교회로 오게 되고 기독교인으로 변화되었을 때, 일 년 중 가장 중요한 의식의 하나가 되었다. 하지만 학자들에 따르면 예수는 여름에 태어났고, 구유가 아닌 동굴에서 태어났을 가능성이 높다고 말하고 있다.

초기 유럽인들은 악마, 유령 그리고 초자연을 믿었다. 12월 25일은 일 년 중 낮의 길이가 가장 짧은 날이다. 이날은 겨울의 분기점으로 많은 사람들은 태양이 돌아오지 않을까 봐 두려워했다. 그래서 특별한 의식과 경축 행사를 통해 태양을 돌아오게 하고 다음 해의 풍요로운 수확을 빌었다. 하지만 기독교가 퍼지게 되면서 다신교도들의 풍습과 농경의 신에 대한 경축을 교회에서 환영할 리가 없었다. 처음에 교회는 이러한 경축을 금지하였으나 아무런 소용이 없었다. 교회는 다신교도들의 경축을 막을 수

THE BEST
ANTIQUES
ARE
"OLD"
FRIENDS

가 없었고, 교회는 이들을 길들이기 위해서 이들의 관습을 기독교식으로 바꾸기 시작했다. 그래서 이날을 그리스도의 아들을 위한 날로 정하게 된 것이다. 교회는 결국 그들의 환락적이고 왁자지껄한 농신날의 축제를 크리스마스로 바꾸어 경축하기 시작했다.

그렇다면 크리스마스 때마다 등장하는 우리가 아는 산타클로스는 언제부터 등장한 것일까? 학자들에 따르면 산타클로스는 기독교가 독일과 스칸디나비아에 걸쳐서 퍼질 때 등장하였다고 한다. 기독교 이전의 독일과 노르웨이인들은 겨울 지점인 12월 21일에서부터 1월에 걸쳐서 크리스마스 축제, 율Yule을 경축하였다.

산타클로스의 기원은 그리스도교와 선물을 나누어 주는 세인트 니콜라스Saint Nicholas의 형상에서 나왔다. 그리고 독일과 북유럽이 기독교화되는 과정에서 오딘Odin이라는 민족신의 이미지가 흡수되었을 것이라 추측된다. 오딘은 노르웨이 신들의 아버지로 전쟁, 승리, 죽음, 지혜, 마술과 시에 연관이 있으며, 얼굴에 수염이 덥수룩한 모습의 신이다. 시간이 지나면서 세인트 니콜라스와 오딘의 이미지가 합쳐져서 오늘날 우리가 알고 있는 산타클로스가 되었다고 한다.

유럽 대부분의 지역에서 12월 말은 완전히 경축을 위한 시간이다. 그 기간 동안에는 소가 도축되고, 일 년 중 그 시간은 가장 신선한 고기가 공급되는 시간이었다. 또한 대부분의 와인과 맥주가 발효되어서 마실 수 있는 시기가 되는 것이다.

크리스마스는 결국 기독교 미사, 즉 그리스도에 대한 미사이며 또한 이교도들이 일 년 중 해가 가장 짧은 날에 모여서 태양이 다시 돌아오기를 바라며 기원을 하는 날이기도 하다.

크리스마스는 전 세계에서 중요한 축제일과 공휴일로 경축된다. 몇몇의 비기독교

5번가 삭스 백화점Saks Fifth Ave외벽의 3D 영상

국가들, 홍콩과 같은 나라들에는 식민지 시대를 통해서 크리스마스가 소개되었다. 또 기독교 소수 민족 또는 외국 문화의 영향으로 휴일을 준수하게 되는 경우도 있다. 또 몇몇의 나라들은 크리스마스가 선물을 주고받고 크리스마스트리나 장식하는 세속적인 측면으로 받아들여졌다.

강한 기독교 전통을 가진 나라들 가운데는 지역 문화와 혼합되어 다양한 경축의 방법이 개발되었다. 기독교인들에게 크리스마스는 부활절과 함께 일 년 중 가장 중요한 행사가 열리는 날이다. 이런 날에는 종교적인 행렬이나 퍼레이드가 자주 열린다. 그리고 일반적으로 크리스마스 시즌에는 가족들이 모이고 서로 선물을 교환하는 가족 중심의 날이다. 미국에서는 크리스마스를 가족들과 같이 보내기 위해서 학생들과 직장인들 모두 고향으로 돌아가느라 교통 대란이 일어나기도 한다.

뉴욕의 크리스마스는 세계 어느 곳의 크리스마스보다 화려하고 볼거리가 많다. 우선, 록펠러센터의 크리스마스트리는 해마다 맨해튼의 미드타운 이스트에 있는 록펠러센터에 설치된다. 트리는 보통 11월 말, 혹은 12월 초에 세워져서 점등된다. 최근 몇 년 동안, NBC 방송은 록펠러센터의 크리스마스트리 점등식을 전국적으로 생중계하였다. 이곳에 설치되는 크리스마스트리는 주로 노르웨이 가문비나무로 만들어지는데, 21미터에서 30미터 크기로 1933년 이후 매해 설치되고 있다.

록펠러센터의 트리들은 전국에서 기증된 것인데, 최근의 록펠러센터의 정원 부서는 트리를 구하기 위해서 코네티컷, 버몬트, 오하이오, 업스테이트 뉴욕, 뉴저지, 그리고 때로는 캐나다의 오타와에 걸쳐서 헬리콥터를 동원하기까지 하였다. 일단 적당한 나무를 발견하면 특별히 만들어진 트레일러에 넣어서 운반한다.

록펠러센터에 트리가 세워지면, 3만 개의 전구가 달린 8킬로미터의 전선이 나무에

록펠러센터의 크리스마스트리 Christmas Tree at Rockefeller Center

장식되고, 이 무게를 견딜 수 있도록 튼튼한 발판이 나무 주변에 설치된다.

2004년 이후부터는 나무의 꼭대기에 별이 설치되는데, 이 별은 '스와로브스키의 별Swarovski Star'로 독일의 예술가 마이클 해머스Michael Hammers에 의해서 만들어 졌으며, 크기가 2.9미터, 무게가 250킬로그램이나 된다고 한다.

록펠러센터 광장에서는 문을 연 해인 1933년 이후부터 이러한 공식적인 크리스마스트리 장식의 전통이 있어 왔다. 장식된 크리스마스트리는 기독교의 축제인 주현절 1월 6일까지 록펠러센터에서 점등된 상태로 유지된다. 트리가 제거된 후에는 다양한 방법으로 재활용된다. 나무는 녹지로 돌려보내지기도 하지만, 때로는 주택 건설을 위한 재목으로 사용되기도 한다. 연말연시 휴일이 끝나는 즈음 뉴욕 시에서는 각각의 주택에서 크리스마스트리로 사용하던 나무를 집 밖에 내놓도록 공고해, 한꺼번에 거두어 가서 재활용한다. 그래서 이 시기에 거리를 걷다 보면 크리스마스트리용 나무가 거리 곳곳에 놓여져 있는 걸 보게 된다.

유니세프 눈송이UNICEF Snowflake, 잉고 마우러 + 바카라Ingo Maurer + Baccarat

　뉴욕시의 5번가와 57가의 교차점에는 매년 크리스마스가 되면 도시 한복판에 눈이 내리듯 커다랗고 화려한 눈송이가 매달려 빛나고 있다. 이 설치물은 유니세프 UNICEF가 설치한 눈송이로, 예방이 가능한 질병으로부터 어린이들을 지킨다는 유니세프의 공약을 상기시켜 준다. 뉴욕이라는 커다란 도시에 겨울 내내 외부에 매달려 있는 이 커다란 샹들리에는 독일의 라이팅 디자이너인 잉고 마우러와 프랑스의 크리스털 제조업체인 바카라가 함께 제작하였다.

　유니세프의 눈꽃송이는 프랑스의 바카라 지방의 바카라 크리스털 회사에서 손으로 직접 만든 1만 6천 개의 눈부신 크리스털 프리즘으로 이루어진 12개의 양면 가지 모양으로 장식되어 있다. 세계 각처에 있는 불우한 어린이들을 돕는 유니세프 설치물인 이 눈송이는 뉴욕 시의 명물이 되었다. 이 크리스털 눈송이의 사이즈는 가로로 5.2미터, 세로로 4.3미터이고, 무게로는 650킬로그램이 나가는데, 칼바람이 치는 추운 도시의 겨울 내내 아름답게 빛을 발하며 매달려 있다.

삭스 백화점 외벽 3D영상 쇼

매년 휴가 시즌이 시작되면, 57가와 58가 사이의 5번가 거리는 매우 분주해진다. 그곳은 매일 출퇴근을 하는 사람들뿐만 아니라, 관광객들의 발길로 분주하다. 14년 동안, 버그도프 굿맨 백화점은 연말이 되면 놀라운 상상력과 예술적인 꿈을 쇼윈도에 진열해 왔다. 이 백화점을 지나는 사람들은 매번 설치 때마다 새로운 동화의 세계가 펼쳐지는 것을 들뜬 마음으로 기다린다. 이 작품들은 린다 파고Linda Fargo와 데이비드 호이David Hoey에 의해서 기획된다. 쇼윈도가 오픈 되는 날은 백화점의 건물 외벽에서 쇼윈도를 가리고 있던 장막을 걷어 내는 특별한 이벤트가 펼쳐지고, 사람들은 모두 아이들처럼 설레는 마음으로 이 장면을 지켜본다. 이 백화점의 연말연시 쇼윈도의 디스플레이는 최고 명품을 소개하는 한정판 책자 『애수린느』에 소개된다.

이 화려한 작품은 재능있는 예술가와 몽상가들이 합작하여 만든 작품이다. 이 작업을 위해서 이들은 종종 뉴 뮤지엄The New Museum, 브루클린 음악대학Brooklyn Academy of Music, 미국 시각미술 미술관American Visionary Art Museum과 뉴욕 시티 발레New York City Ballet 등의 수많은 전문 예술가와 단체로부터 자문과 도움을 받아서 진행하고, 디오르Dior와 알렉산더 맥퀸Alexander McQueen과 같은 명품 의상을 마네킹에 입혀서 환상적인 연출을 한다. 데이비드는 자신이 꾸민 이 매장의 쇼윈도 장식에 대해서, "미니멀리즘도 맥시멀리즘도 위대하다. 우리가 피하는 것은 중간주의이다Minimalism is great. Maximalism is too. What we avoid is medium-ism." 라고 말하였다. 그 정도로 쇼윈도는 정교하고 화려하다. 실제로 이 매장의 쇼윈도를 보고 나면, 다른 백화점들의 쇼윈도들은 뭔가 부족하고 시시한 것같이 느껴진다.

이 밖에도 연말이 되면 5번가의 삭스Saks Fifth Avenue 백화점의 외벽 전체에는 크리스마스를 주제로 한 3D 영상 쇼가 펼쳐진다. 이 영상 쇼는 록펠러센터의 크리스마스트리와 마주하고 있어서 그 주변은 화려함의 극치를 보여준다. 그리고 6번가의 라디오 시티 건너편에는 커다랗고 붉은 방울 모양의 자이언트 크리스마스 장식Giant Christmas ornament이 매년 설치되어 연말의 분위기를 더한다.

버그도프 굿맨 백화점의 크리스마스 쇼윈도 장식Windows at Bergdorf Goodman

하누카 촛대Menorah의 점등식

뉴욕에는 많은 유대인들이 살고 있고, 또 이들이 사회에 끼치는 영향력은 매우 크다. 그래서 뉴욕은 유대인들의 종교적인 휴일에 따라서 학교와 직장, 상점들이 문을 닫기도 한다. 유대인들의 축제는 그들에게 큰 의미를 지닌다. 그들은 축제를 통해서 공동체의 결속을 다지고, 과거에 있었던 그들 민족의 특정한 경험을 기억하며, 현재를 재확인하고, 희망찬 미래에의 출발점으로 삼는다. 이스라엘이 수천 년을 두고 끈질기게 지켜온 하누카 축제는 바로 이스라엘의 고집스런 신념의 표방이자 그 신념의 정당함을 재확인하기 위한 것이다.

하누카는 유대력의 키슬레브Kislev 월양력 11~12월경 25일에 시작해서 8일 간 계속되는 '성전 봉한 축제'이다. 8개의 촛불에 매일 하나씩 불을 밝혀 간다고 해서 '빛의 축제'라고도 한다. 하누카 촛대는 가운데 높은 촛대가 있고, 양 옆으로 4개씩, 8개의 촛대를 나란히 두어 모두 9개의 촛대가 달려 있다. 그중 중앙의 높은 촛대는 불을 붙이는 용도로 사용된다.

하누카란 빛의 예식으로 첫째날 밤에 제일 오른쪽에 불을 켜고, 그후 매일 하나씩 왼편으로 불을 밝혀 가는 것이다. 8일에 걸친 하누카 축제 의식은 매일 밤 그 빛을 점등하면서 조상들에게 일어났던 기적에 대하여 감사하는 기도로 시작된다.

하누카 축제 기간 동안에는 다른 축제 때와 마찬가지로 가난한 사람들이 축제를 함께 즐길 수 있도록 도와주고, 스승에게 선물을 하며 가족들이 모여 함께 식사를 한다.

뉴욕 시에서는 여러 가지 하누카 행사가 열리지만, 그중에서도 대표적이라고 할 수 있는 행사는 센트럴파크가 시작되는 지점인 5번가와 59가에서 세계에서 가장 규모가 큰 하누카 촛대유대교에서 쓰는 가지가 달린 촛대 마노라Menorah 점등식이 있다. 매년 이 행사에서는 촛대에 점등을 하기 위해 크레인이 동원된다. 이 점등식에는 유태계 유명 인사와 지역의 정치인들이 참여한다. 이 점등식에는 민속춤, 음악과 노래가 등장하고, 서프가니요sufganiyot라고 하는 젤리가 가득 찬 도넛(우리가 흔히 던킨 도넛에서 맛볼 수 있는), 어린이들을 위한 것으로 금박으로 싼 초콜릿, 하누카 동전이라고 불리우는 동전 모양의 하누카 겔트Chanukah Gelt, 랏키스Latkes라고 하는 감자로 만든 팬 케이크 같은 것들이 모두에게 제공된다. 사실 우리가 잘 모르고 있던 유대인들의 음식들은 이미 우리 생활 깊숙이 들어와 있다.

이 거대한 하누카 촛대는 이스라엘 출신의 작가 야곱 아감Yaacov Agam(1928년 생)에 의해서 디자인되었으며, 그는 옵티컬 아트와 키네틱 아트로 유명한 작가이다.

또 미국에서 살고 있는 아프리카계 미국인들은 12월 26일에서 1월 1일까지 일주일에 걸쳐 콴자Kwanzaa라는 축제를 여는데, 서아프리카 디아스포라에서도 열린다. 콴자는 '처음으로 수확한 과일' 이라는 뜻이다. 콴자 축제 동안에 미국에 사는 아프리카 사람들은 아프리카에서 나는 과일로 축제를 벌인다. 아프리카에 살던 그들의 조상들을 기억하고, 아프리카계 미국인 문화 유산을 축하하기 위한 축제이며, 콴자는 1960

콴자Kwanzza 이벤트. 미국 자연사 박물관The American Museum of Natural History

년대의 흑인 민족주의 운동에 그 뿌리를 두고 있으며, 아프리카계 미국인이 아프리카의 전통에 대한 관심을 가지고 아프리카 문화와 역사적 유산을 다시 그들과 연결하게 해준다.

콴자 때에는 예술적인 다채로운 아프리카 직물로 집안을 장식하고, 특히 여성들은 카프탄Caftan을 착용한다. 카프탄은 머리부터 뒤집어써서 길게 발목까지 내려오는 넉넉한 로브 스타일의 옷으로 서아프리카에서 주로 여자들이 입는다. 신선한 과일은 아프리카의 이상주의를 표현하는 것으로 집안에 놓아 둔다. 그것은 조상에 대한 존경과 감사를 표현하는 것이다. 비아프리카계 미국인들 역시 콴자에 관심을 보내고 함께 경축을 하고 행사에 참여한다. 사실 아프리카계 미국인이 아니더라도 아프리카 문화를 즐기는 사람들이 많기 때문에, 행사에는 많은 뉴요커들이 참석한다. 휴일이 되면 우리가 크리스마스 때, '메리 크리스마스' 라고 서로에게 말하는 것처럼, '즐거운 콴자 콴자Joyous Kwanzaa Kwanzaa' 라고 말한다.

콴자 의식은 연주와 음악, 아프리카주의에 대한 토론, 아프리카 역사 등에 대한 공부 등으로 이루어진다. 마지막으로 점등 의식, 공연, 그리고 향연 같은 것들이 있다. 오늘날 많은 아프리카계 미국인 가족은 크리스마스와 새해를 경축함과 동시에 콴자를 함께 축하한다.

콴자 기간 중에는 뉴욕 시 전역에 걸쳐서 여러 가지 공연이나 행사가 다양하게 열린다. 미국 자연사 박물관The American Museum of Natural History에서 열리는 콴자 축제는 뉴욕에서 열리는 행사 중에 아마도 가장 큰 행사가 아닐까 생각된다. 매년 열리는 이 행사에서는 다양한 아프리카의 문화를 알리는 댄스와 음악 등이 선보인다.

크리스마스 휴일과 다양한 민족들의 송년 행사를 지내고 나면, 이제 묵은 해를 보내는 시간이 다가온다. 한 해를 보내고 새로운 해를 맞이하게 되는 것이다. 새해 경축은 모든 휴일 중에서 가장 오래된 휴일이다. 그것은 약 4천 년 전에 고대 바빌론에서 처음으로 경축되었다. 기원전 2000년에는 춘분점 이후에 최초로 초승달이 보이는 날을 새해라고 하였다. 바빌로니아의 새해 축제는 11일 동안 지속되었다.

봄은 새로운 해를 시작하는 시간이다. 결국 그것은 재생을 뜻하며, 새로운 수확을 위한 모종, 꽃이 만발하는 계절이다. 하지만 1월 1일은 어떤 천문학적·농업적인 중요성이 없다. 그것은 순전히 임의적인 것이다.

로마인들도 새해를 준수했지만, 그들이 준수한 새해는 3월 말이었다. 하지만 그들의 달력은 태양과 일치하지 않았고, 다양한 황제들에 의해서 무단으로 계속 변경되었다. 달력을 바로잡기 위해서 로마의 원로원은 기원전 153년에 1월 1일을 새해의 시작으로 선언하였다.

초기 가톨릭 교회는 이교도적인 축제를 비난하였다. 기독교는 더욱더 널리 퍼졌지만 새해의 날은 다른 날과 별 다르지 않았다. 중세의 교회는 새해를 축하하는 것을 반대하였다. 서방 세계에서 1월 1일, 새해를 경축하는 것은 불과 4백 년 정도 밖에 되지 않았다.

새해를 알리는 행사에 아기가 등장하는 전통은 그리스에서 시작되었다. 그 전통에는 술과 쾌락의 신, 디오니소스와 아기가 들어 있는 바구니의 행진이 있고, 그 행진은 풍요로움의 상징과 새로움을 재생하는 것을 의미했다. 초기의 이집트 역시 아기는 재생의 상징이었다. 이는 이교도의 풍습이라고 비난받았지만, 재생의 상징으로서 아기의 이미지는 교회에서도 인정했다. 마침내 교회는 아기 예수님의 탄생으로 새해를 축하하는 것을 허락하였다. 그들은 14세기 이후에 실제 아기가 아닌, 아기 모형을 사용하기 시작했다. 새해의 표상으로 아기 이미지는 새로운 해의 상징적인 표현으로 미국 초기에 독일로부터 들어오게 되었다.

전통적으로 사람들은 새해 첫날 무엇을 하고 무엇을 먹느냐가 그해 일 년 동안의 운에 영향을 미친다고 생각했다. 그래서 가족과 친구의 회사에서 새로운 해를 맞이하며 파티를 하는 것이 일반화되었다. 파티는 종종 새해의 종이 울린 후, 다음 날까지

계속되었다. 사람들은 새해 첫 번째 방문자가 새로운 해의 운을 결정한다고 믿었다. 특히나 그 방문자가 키가 크고 피부가 어두운 사람이면 행운을 가져다준다고 믿었다.

많은 문화에서는 한 해의 상징으로 링은 '완전한 원형으로 오는 것'이기 때문에 행운을 가져온다고 믿었다. 그 때문에, 네덜란드인들은 도넛을 먹는 것이 미래에 행운을 가져온다고 믿는다. 미국 사람들은 완두콩을 먹으면서 새해를 축하한다. 콩과 식물은 많은 문화에서 행운으로 간주되었다. 돼지고기는 돼지 자체가 번영을 상징하기 때문에 행운으로 여겨졌다. 양배추의 잎은 화폐를 나타내며, 번영의 상징으로 간주된다. 일부 지역에서는 쌀이 새해에 먹는 행운의 음식이다.

많은 나라에서 새해 전야에 춤을 추고, 먹고, 술을 마시고 새해를 밝히는 불꽃놀이를 관람하거나, 폭죽을 터뜨린다. 사람들은 새해를 축하하는 파티에 참석한다. 이러한 축하는 일반적으로 1월 1일, 새해가 되는 자정에 이루어진다. 미국에서 새해의 이브는 직장이나 친구들의 파티, 가족 중심의 모임, 그리고 대형 공공 이벤트가 함께 열린다.

그럼 뉴욕에서는 어떻게 새해를 맞이할까. 뉴욕의 새해 경축 행사 중 가장 유명한 것을 꼽는다면, 무엇보다도 타임스퀘어의 '크리스털 볼 드롭Crystal Ball Drop' 이라고 할 수 있다. 공식적으로 동부 표준시로 11시 59분에 43미터의 타임스퀘어 빌딩의 꼭대기 위에 자리한 무게 5. 4킬로그램에 지름 3.7미터의 '워터포드 크리스털 볼' 이 아래로 천천히 하강하며 새해의 자정을 알리는 순간 바닥에 닿게 되는데, 이것이 바로 새해를 알리는 신호인 것이다. '볼 드롭' 은 1907년 이후부터 행해졌고, 최근의 몇 해 동안에는 평균적으로 매년 1백만 명의 관객을 동원한다.

이 행사는《뉴욕타임스》의 소유주인 아돌프 옥스가 시작한 것으로, 그 회사 자체를 홍보하기 위해서 새해 이브에 빌딩에서 불꽃 쇼를 주최하였다. 하지만 이 행사는 화재의 위험 때문에 중지되었다. 그러다가 타임스퀘어의 간판을 담당하던 회사 아트크래프드 스트라우스사가 디자인한 볼로 대처되었고, 그 이후로 아트크래프드 스트라우스는 볼 로어잉Ball-lowering 행사를 담당하게 되었다. 매년 '크리스털 볼 드롭' 행사가 치러졌지만, 제2차 세계대전 동안에는 전쟁 중의 소등, 등화관제 때문에 볼이 떨어지는 행사를 대신해서 교회의 종소리 후에 침묵의 시간을 갖는 것으로 대체되었다. 오늘날 타임스퀘어는 타임스퀘어 연합과 함께 카운트다운 행사와 새해 이벤트를 주관하고 있다.

볼의 디자인 역시 해를 거듭하면서 기술의 발달과 함께 향상되었다. 원래 볼은 나무와 철, 그리고 100개의 백열전구로 디자인되었다. 2008년에는 새로운 에너지 효율의 '필립스의 LED 라이트 볼' 이 크리스털 볼 드롭의 100주년을 축하하기 위해 등장했다. 2008년에서 2009년으로 넘어 가던 때 새해의 볼은 더 커지고 관광의 명물로 확실히 자리를 잡았다.

1999년, 새해가 되기 전날 밤인 12월 31일에는 새로운 천 년을 축하하기 위해서 6번

H&M

크리스틸 볼 드롭 행사가 열리는 타임스퀘어 광장

가에서 8번가, 그리고 브로드웨이와 7번가에서 59가에 이르기까기 약 2백만의 군중이 타임스퀘어에 모였다고 한다. 이 기록은 제2차 세계대전이 종료된 것을 축하하러 수많은 사람들이 1945년 8월에 타임스퀘어에 모였던 이후로 가장 많은 군중의 숫자를 보여주는 것이었다.

요즘에도 뉴욕의 볼드 롭 행사에는 여전히 많은 군중이 참가하지만, 언젠가부터는 인터넷으로 표를 미리 구매한 사람들만이 타임스퀘어 광장 안에 발을 들이게 되었다. 지난 해에는 볼 드롭을 가까이 보려고 타임스퀘어에 갔다가 바리케이트와 함께 표를 보자고 요구하는 경찰의 제지로 광장에 들어서지 못했다.

이러한 '볼 드롭' 의 인기로 인해 뉴욕 시가 아닌 곳에서도 영감을 받아서 유사한 뭔가를 떨어뜨리는 '드롭' 이벤트가 열린다. 다만 그 행사는 오브제가 크리스털 볼이 아닌, 애틀란타의 '복숭아 드롭' 과 같이, 그 지역의 문화 · 지리 · 역사를 나타내는 것이기도 하다.

'크리스털 볼 드롭' 이벤트가 열리는 타임스퀘어는 사람들의 관람을 수월하게 하기 위해서, 새해 이브의 늦은 오후가 되면 교통이 통제된다. 볼 드롭을 관람하러 온 사람들은 정해진 지역으로 자리를 잡게 된다. 이 관람 지정 지역으로 들어서기 위해서는 보안 체크를 반드시 거쳐야 하는데, 특히나 9 · 11 사건이 일어난 해의 새해 전야에는 새해 뉴욕 경찰 부서에 의한 보안이 더욱더 강화되었다. 이 구역 안에서는 배낭이나 술 종류는 반입이 금지된다.

1996년 새해 전야의 축하 이후로는 매번 뉴욕 시장이 특별 게스트로 합류하였다. 그리고 해마다 지역 공동체를 위해 애쓴 인사들이 같이 참여하였다. 볼 드롭의 의식에서는 자정이 되기 정확히 1분 전에 버튼을 누름으로써 볼이 하강하기 시작하지만, 실제로 버튼으로 볼이 떨어지는 것이 조정되지는 않는다. 이 볼 드롭의 조정은 조정실에서 담당한다.

볼 드롭 행사와 함께, 라디오와 텔레비전에서 방영되는 새해 전야 축제는 미국의 팝 문화를 보여준다. 이 행사는 1928년 이후부터 라디오에서 시작하였는데, 미국의 대표적인 팝 문화를 방송하였다. 1956년에서 1976년까지 CBS 텔레비전에서는 뉴욕의 월도프-아스토리아 호텔에서 볼 드롭을 생중계했다. 방송은 '가이 롬바르도와 그의 로열 캐나디언'의 대표적인 곡으로 우리가 잘 알고 있는 〈올드 랭 사인〉의 공연을 자정에 공연하는 것으로 유명했다. 그것은 뉴욕의 새해를 더욱 유명하게 만들었다. 1977년 롬바르도의 죽음으로 시청자들의 관심은 경쟁 프로그램인 NBC에서의 〈딕 클락의 뉴 이어 록킨 이브〉로 옮겨가서 새해의 이브 특집으로 인기를 끌었다. 2년 후에 이 쇼는 ABC로 자리를 옮겼다.

2000년의 ABC의 특집 방송을 포함해서 딕 클라크는 33년 연속해서 ABC에서 새해 이브 방송의 사회자를 했다. 그러나 2005년 클라크가 뇌졸중으로 인한 언어장애 때문에 그 이후 몇 년 동안 주요 사회자로 역할을 하지 못하게 됐음에도 불구하고, 그가 사

망한 2012년 4월이 되기 전까지 새해의 이브에 부분적으로 출연했다. 그리고 그 사회자의 자리는 아메리칸 아이돌의 사회자 라이언 시크레스트에게 양도되었고, 이는 미국민들 사이에 많이 회자되었다.

2012년에서 2013년으로 넘어가는 새해 전야 행사에는 미국의 인기 스타들의 공연과 함께, 한국 가수 싸이의 공연이 있었다. 이날 싸이 공연은 아마도 미국에 사는 많은 한국인들에게 오래도록 기억될 것이다. 새해 전야의 크리스털 볼 드롭 행사와 함께 센트럴파크에서는 새해를 축하하는 불꽃놀이가 펼쳐진다.

뉴욕에서 뿐만 아니라 새해 이브는 전통적으로 플로리다에 있는 월트 디즈니 월드 리조트와 캘리포니아 애너하임에 있는 디즈니랜드에서 가장 바쁜 날이다. 그런 곳에서는 새해 전야의 특정 쇼로 늦게까지 개장을 하고, 보통 밤에 불꽃놀이가 펼쳐진다.

그 밖에도 종교적으로 새해를 맞이하는 많은 행사들이 있다. 로마 가톨릭 교회에서, 1월 1일은 예수의 어머니, 성모 마리아를 기리는 성스러운 날이었다. 많은 교회에서는 새해의 전야에 제야의 밤을 지켜보는 행사가 있다.

꿈꾸는 도시, 뉴욕

바로 몇 년 전에 이 도시 뉴욕에 발을 들여놓은 뒤로 어느덧 올해로 벌써 6년이 넘었다. 이 새로운 도시에서 시간이 어떻게 흘렀는지 실감이 나질 않는다. 그동안에 찍었던 사진들을 다시 꺼내 보니 장면 장면마다 좋았던 시간과 힘들고 어려웠던 시간들이 같이 떠오른다. 길다면 길고 짧다면 짧은 시간이었지만, 내가 이방인으로서 이 도시에 발을 들여놨다고 생각하면, 적지 않은 시간을 이곳에서 보낸 것 같다. 하지만 여전히 이 도시의 어느 구석은 내 발길이 닿지 않은 곳이 많이 남아 있어서 새로운 장소

에 닿을 때면 낯선 설레임으로 다가올 때가 많다. 어쩌면 도시는 매일매일 새로워져서 내가 한시라도 눈을 떼고 있으면 알아볼 수 없게 변하는지도 모르겠다. 내가 이 도시를 사랑하는 것인지 아니면 이 도시가 나를 이곳에 붙들어 놓고 있는지는 잘 모르겠다. 어찌 되었건, 이 도시는 그동안 정처없이 방황하던 이방인을 편안하게 끌어안아 주었다.

이스트 강 건너 멀리서 네온사인을 반짝였던 작은 섬, 맨해튼은 당장 뛰어들고 싶을 만큼 매혹적인 곳이다. 뉴욕은 많은 사람들이 드나드는 관광과 쇼핑의 중심지이고, 세계 경제의 중심인 월 스트리트가 있고, 공연 예술의 중심인 브로드웨이와 링컨 센터가 있다. 그리고 세계 미술의 중심지답게 규모가 큰 뮤지엄과 갤러리들이 있고, 수많은 예술가들이 활동한다. 그뿐 아니라 패션과 방송, 광고의 중심지이기도 하다.

뉴욕의 미드타운에는 화려한 네온사인과 각을 세우고 높이 치솟은 빌딩 숲과 바쁘게 일하는 뉴요커들이 있다. 그리고 업타운에는 커다란 공원 센트럴파크가 있고, 고풍스럽고 부유한 분위기를 풍기는 고급 주택가들이 들어서 있다. 로어 맨해튼에는 아기자기하고 자유로운 분위기의 카페와 레스토랑들이 즐비하다. 뉴욕의 거리는 조금만 걸어도 곳곳에 공원이 있어 휴식을 취할 수 있고, 또 조금 걷다 보면 물가가 나와서 낭만적인 정취를 느낄 수 있다. 맨해튼은 영화에서 한 번이라도 등장하지 않은 곳이 없을 만큼 구석구석이 명소이다.

도시의 구석구석을 연결하는 지하철은 뉴요커들의 발이 되어 준다. 뉴욕의 거리에는 세련되고 쌀쌀해 보이는 뉴요커들이 자신의 목표와 성공을 위해서 바쁜 걸음걸이를 옮긴다. 갓 이민을 온 이민자들은 막일로 하루하루를 땀으로 보내며 새로운 도시에서 아메리칸 드림을 일군다. 또한 도시는 자유로운 영혼을 가진 예술가들이 자신의 꿈을 이루기 위해서 방황하는 곳이기도 하다. 이 도시는 치열한 경쟁과 좌절과 희망이 어우러진 곳이다. 이 다양한 사람들이 살아가는 뉴욕은 한 마디로 어떻다고 설명하기 힘든 독특한 분위기를 풍긴다.

많은 사람들이 부대끼며 살아가는 뉴욕이라는 도시의 성장은 이민으로 이루어졌다. 뉴욕에 사는 많은 사람들은 외국 태생이고, 또 여러 인종과 민족으로 이루어졌다. 그리고 이들의 문화는 뉴욕에 다양성을 가져다주었다.

뉴욕에서 살아가는 다양한 민족들은 그들 각자를 하나로 만들어 주는 공동체를 필요로 하게 되었다. 그래서 각각 공동체들의 결속을 위한 그들만의 축제를 만들게 되었다. 축제는 각각의 공동체를 묶어 주기도 하고, 자신의 목소리를 내고 권리를 주장하는 동시에 운동의 성격을 띠기도 한다. 하지만 뉴욕에서 벌어지는 축제나 퍼레이드가 반드시 민족적인 성격을 띠는 것은 아니다. 때로는 단순히 예술적인 동기나 계절적인 축하의 개념으로 생겨난 것들도 많다.

난 축제가 일어나는 도시의 이야기가 궁금했다. 호기심으로 시작된 발길은 점점 더 흥미를 더하게 되고 결국 유명하다 싶은 축제가 열리는 곳은 일부러 찾아다니기까지 했다. 뉴욕에서 벌어지는 축제의 현장을 처음 대할 때는 그저 북적대고 소란스러운 분위기에 휩싸여서 들뜬 기분으로 지켜보았고, 이런 축제들이 얼마나 많은 사람들을 불러모으고 도시를 활기차게 만드는지 알게 되었다. 그리고 뉴욕에서 벌어지는 다양한 축제와 퍼레이드, 이벤트들의 기원과 형태를 공부하면서 내가 살고 있는 도시와 문화를 조금이나마 이해하게 되었다. 그러면서 현대인에게 축제라는 것은 진정 어떤 의미인가에 대해서 생각해 보게 되었다.

오늘날의 휴가는 신성한 것이든 세속적인 것이든 휴식이나 재충전 또는 일탈을 의미한다. 또 축제는 사회와 공동체, 종교를 유지하기 위해 사람들에게 정보를 전달하고 응집력을 부여하는 중요한 장치이다.

축제를 따라다니면서 사진으로 담고 기록하다 보니 이렇게 책으로 남기고 싶은 생각까지 들었다. 나에게는 이러한 과정이 힘들기도 했지만 흥미롭고 신나는 일이었다. 뉴욕에서 일어나는 모든 축제를 담는 것은 어려운 일이다. 하루에도 수많은 행사와 이벤트가 열리기 때문에 몸이 열 개라도 다 보지 못한다. 나는 수많은 축제 중에서 특히나 유명하고 주로 야외에서 이루어지는 퍼레이드와 행사를 중심으로 기록하였다. 거대 도시 뉴욕은 다양한 민족들이 이민으로 인해서 가져온 다양한 문화를 표출하는 곳이다.

이제는 길을 걷다 보면 심심치 않게 한국말이 들릴 정도로 뉴욕이라는 도시는 한국 사람들에게 꼭 가봐야 할 관광지로서, 또 학위를 받기 위한, 때로는 일자리를 위한 터전으로 익숙하다. 세계의 중심이라 할 수 있는 활기찬 도시인 뉴욕에 많은 한국 사람들이 살고 있고, 또 활동하고 있다는 것은 좋은 일이다. 국제적인 활동을 하는 사람들에게 뉴욕은 매우 친근한 도시이다. 나는 더 많은 진취적인 사람들이 이 멋진 도시를 누비면서 활동하며 꿈을 이루기를 기대해 본다. 그리고 나의 작은 노력이 뉴욕을 꿈꾸는 이들에게 도움이 되었으면 하는 마음으로 이 책을 마무리한다.

뉴욕의 퍼레이드와 페스티벌

NYC Parade & Festival

1월 타임스퀘어 볼 드롭Lowering of the Ball in Times Square, 스패니쉬 할렘에서의 라틴아메리카 스타일의 다채로운 축제와 함께 세 왕의 퍼레이드Three Kings Parade

2월 차이나타운에서의 차이니즈 뉴 이어 퍼레이드Chinese New Year(1월 말이나, 혹은 2월 초), 대통령의 날 퍼레이드President Day Parade

3월 세인트 패트릭스 데이 퍼레이드St. Patrick's Day Parade, 아이리쉬 퍼레이드Irish American Parade, 파구와 퍼레이드Phagwha Parade(악의 승리에 대한 고대의 이야기를 기념하는), 그리스 독립 퍼레이드Greek Independence Day Parade

4월 이스터 데이 퍼레이드Easter Day Parade, 만우절 퍼레이드April Fool's Day Parade, 시크 문화 학회 퍼레이드와 축제Sikh Cultural Society Parade and Festival

5월 메모리얼 데이 퍼레이드Memorial Day Parade, 큐반 데이 퍼레이드Cuban Day Parade, 브롱크스 라티노 연합 퍼레이드Bronx Latinos Unidos Parade, 댄스 퍼레이드Dance Parade, 터키계 미국인 퍼레이드Turkish-American Parade, 하이티인 깃발 퍼레이드Haitian Flag Day Parade, 5월 17일 노르웨이계 미국인 퍼레이드Norweigian-American 17th of May, 마틴 루터 킹 주니어 / 369th 연대 퍼레이드Martin Luther King Jr./369th Regiment Parade, 그레이터 뉴욕의 좋은 이웃 퍼레이드Greater NY Good Neighbor Parade

6월 필리핀 독립의 날 퍼레이드Phillipine Independence Day Parade, GLBT 프라이드 퍼레이드GLBT Pride Parade, 하레 크리쉬나 퍼레이드Hare Krishna Parade, 푸에르토리칸 퍼레이드Puerto Rican Day Parade, 어린이 복음 퍼레이드Children's Evangelical Parade, 브롱크스 퍼레이드Bronx Parade, 인어 퍼레이드Mermaid Parade

7월 7월 4일 독립기념일 퍼레이드와 축제Independence Day Parade and Festival, 브롱크스 도미니카 공화국 축제와 퍼레이드Festival de Gran Parada Dominicana del Bronx

8월 용선 축제Dragon Boat Festival, 브롱크스와 브루클린에서의 푸에르토리칸 퍼레이드Puerto Rican Day Parade, 인디아 독립의 날 퍼레이드India Independence Day Parade, 도미니칸의 날 퍼레이드Dominican Day Parade, 파키스탄 독립의 날 퍼레이드Pakistan Independence Day Parade, 뉴욕 필하모닉 오케스트라의 야외 공연New York Philharmonic Concert

9월 노동절의 웨스트 인디언 데이 카니발 퍼레이드The West Indian American Day Carnival Parade(Brooklyn Carnival), 캐리비언계 미국인 가족의 날 축제Caribbean American Family Day Festival, 브라질 독립의 날 축제Brazil Independence Day Festival, 소호 아트 퍼레이드SoHo Art Parade, 산 제나로의 축제Feast of San Genarro, 스트반의 날 국제 문화 퍼레이드Steuban Day International Cultures Parade, 무슬림 데이 퍼레이드Muslim Day Parade, 멕시칸

데이 퍼레이드Mexican Day Parade, 아프리칸 아메리칸 데이 퍼레이드African-American Day Parade, 위그스턱Wigstock 이벤트, 워싱턴 스퀘어 야외 전시 Washington Square Outdoor Exhibit

10월 콜럼버스 데이 퍼레이드Columbus Day Parade, 히스패닉 데이 퍼레이드 Hispanic Day Parade, BAM 뉴웨이브 축제BAM New Wave Festival, 나이제리 아인 퍼레이드Nigerian Parade, 폴라스키의 날 퍼레이드Pulaski Day Parade, 한국인의 추수 감사절 퍼레이드Korean Harvest Day Parade, 빌리지 할로윈 퍼레이드Village Halloween Parade

11월 메이시스 추수감사절 퍼레이드Macy's Thanksgiving Day Parade, 국군의 날 퍼레이드Veterans Day Parade, 토이즈 R 어스 휴일 퍼레이드Toys R Us Holiday Parade, 록펠러센터 트리 라이팅Rockefeller Center Tree Lighting, 레 게 카리피스트Reggae Carifest, 뉴욕 시 마라톤New York City Marathon

12월 라디오 시티 크리스마스 호화 쇼Radio City Christmas Spectacular, 카네기 홀 의 빈 소년 합창단 공연Vienna Boys Choir at Carnegie Hall, 세인트 존 디바 고딕 성당에서의 헨델의 메시아 공연The Performance of Handel's Messiah in the Stunning St. John the Divine Gothic Cathedral, 링컨센터에서의 헨델의 메시아 합창Handel's Messiah Singalong at Lincoln Center, 리버사이드 촛불 캐롤 축제에서의 할렘 합창단에 의한 재즈와 가스펠 축제The Festive Jazz and Gospel Show, 링컨센터에서의 호두까기Nutcracker를 포함한 휴일 전통 공연, 록펠러센터의 아이스 스케이트, 세인트 존 디바 고딕 성당 에서의 계절 콘서트, 5번가 야곱 아감Yaakov Agam의 하누카 라이팅

Newyork
+
Festival

Newyork
+
Festival